★ 零失敗! ★

Sophie的
低醣生酮烘焙
完美配方

Sophie ── 著・攝影

低醣生酮讓餐桌更豐富有趣，
是我持續低醣生酮飲食的動力

　　「生酮飲食可以逆轉糖尿病！」斗大的影片名稱在社交平台上跳入我的眼簾，二〇一七年的夏天，家父罹患糖尿病已屆十年，身為醫療人員，我深知糖尿病對人體的侵蝕，除了飲食控制之外，口服藥物、施打胰島素，似乎都無法阻止家父病情越來越嚴重的趨勢，看到這聳動的標題，不禁引起我的好奇心，難道糖尿病真的可以被逆轉嗎？

　　我心裡升起一線希望，立刻查詢了許多研究期刊與書籍，發現以生酮飲食控制糖尿病，的確有其科學背景與實驗證明，而且在歐美國家，早就有醫生以這個飲食法治療糖尿病患者，也得到不錯的療效。除此之外，生酮飲食藉由斷糖、降低攝取精緻澱粉類與加工食品，並增加攝取優質脂肪、有機肉類與蔬菜，是非常健康的飲食方式，受到鼓舞，讓我也開始嘗試生酮飲食。

　　開始生酮飲食後，我的身體變輕盈了，體力也變好，但吃了一個月之後，我發現，雖然我可以輕易變出適合生酮飲食的晚餐，但是早餐真的讓我很頭痛！因為不能吃麵包、三明治，所以每天早上都是蛋！培根蛋、酪梨蛋、白煮蛋、半熟蛋、炒蛋……到後來看到蛋就怕！早上時間有限，最好有可以抓了就走的選擇才方便，還有，我好想念蛋糕、甜食，但我知道糖對身體有多麼不好之後，我不想再吃糖了！為了一解口腹之欲，我一頭栽進生酮烘焙裡，從此開啟了新的世界！在我咬下一口自己研發的低醣櫻桃馬芬後，我滿心歡喜，原來，健康與美味是可以兼顧的！

　　自此之後，我的餐桌多了好多變化！生酮麵包、馬芬、司康，都可以放心享用！如果突然想吃點甜甜的下午茶，也可以來片生酮起司蛋糕！因為有了生

酮烘焙，開展了生酮飲食的另一個面貌，多元又有趣的食物，是我持續生酮飲食的動力。

對於生酮烘焙的熱情，讓我也因此成立了「Sophie's Keto Choice」低醣生酮食譜部落格。自二〇一七年開始，短短兩年時間，已有超過兩萬粉絲追蹤、兩百萬的點閱次數，最初只是做個記錄，並希望跟自己一樣喜愛甜點的家父也能夠享用，沒想到食譜廣受大家喜愛，有許多讀者鼓勵我出書，享受翻閱紙張的溫潤手感，於是，在二〇一九年這本書誕生了！

有在追蹤我的部落格的人，應該知道SKC的食譜向來以「簡單快速美味」為最高原則。身為一個工作超時的上班族，我很理解下班後已經累得全身無力、頭暈眼花，根本沒有時間在廚房慢慢琢磨的心情。本書中的食譜承襲了一貫的原則，根據現代人忙碌的步調所設計，大多數的食譜都可以在三十分鐘內完成，材料也盡量簡化，低醣生酮烘焙其實可以很簡單！

除了簡單、快速之外，我拍胸脯保證，口感絕對不會讓你失望！身為一個熱愛美食的人，我不願在口感上妥協。記得我做的第一個生酮甜點是「奇亞籽布朗尼」，咬下去的第一口真是悲喜交加，喜的是，天哪，生酮居然可以吃甜點！悲的是，奇亞籽充滿顆粒的渣滓口感，跟原本應該是濕潤鬆軟的布朗尼完全不搭，而且又乾又硬，根本無法下嚥。我心想，即使材料很健康，但難吃到吞不下去有什麼意義呢？更慘的是，花了時間、成本，好不容易做出來的成品被家人打槍，真是會讓人心碎滿地。我相信口感與健康必須兼顧，才能讓家人接納，並且讓這個飲食法長長久久得執行下去。

本書中的食譜不僅簡單美味，最重要的是，每道食譜都合乎低醣生酮飲食「低碳水化合物、高優質脂肪」的原則，並附上營養成分標示，讓你一眼就明瞭宏量營養素的攝取份量。

另外，本書最特別的地方是，書中的食譜都經由小幫手團隊的反覆測試，開發出以不同品牌的食材、不同的烤箱、烘焙年資不一的新手老手，都可以成

功的食譜!

在此特別感謝小幫手CB、Jasmine、Sophia、Laura、Claire、Joy、Sunny、Evelyn、Lydia、波美,為這本書無私的奉獻,每個禮拜跟小幫手們一起討論食譜、比較成品差異、分享照片,女孩兒們的嘰嘰喳喳是這幾個月的美好回憶!

此外感謝酮好社長撒景賢、酮好翻譯組Leo、「亞當老師‧酮享健康」亞當老師、「歡樂生酮趣」梁楓,友情校閱關於生酮飲食的知識。

最後,感謝我人生的最佳伴侶,Gary,每個週末都要陪我一起照相,幫我修改照片、幫我跑腿去超市購買食材⋯⋯還有我的貓兒子,肥肥,負責監督攝影質量與擅自作主的口感測試,根據牠舔嘴咂舌的表情,我想牠對我的烘焙還算滿意!

小幫手的推薦短語

CB

即便是烘焙新手，只要依照Sophie的步驟製作，成功率極高！飲食控制也能吃得開心又健康！

Laura

Sophie的生酮甜點，步驟清楚易懂，即使是新手，也能輕鬆上手，而且能夠滿足酮學享受甜品的口欲喔～

Claire

Sophie的食譜非常生活化，也兼顧了美味及容易操作，讓生活充滿健康與樂趣！

Lydia

在網路上搜尋生酮飲食的食譜時，找到了Sophie的部落格，內容豐富，立馬加入書籤。每一份食譜看起來很好吃，跟著食譜做了檸檬藍莓磅蛋糕、鹽酥雞……等等，真的好吃又能維持在生酮狀態，適合想生酮飲食又不知道吃什麼的你～～

Evelyn

Sophie設計的食譜真是兼具美味視覺又能快速完成零失敗，實在是很善解人意，百分之百的真心推薦！

Jasmine

自從生酮後，為了不和甜點分手，所以成了Sophie 網誌的追蹤訂閱者。書中簡單的步驟、詳細的流程，把過程中的注意事項交代得很清楚，我不是專業的烘焙專家，因為Sophie的食譜讓我愛上烘焙，相信我，新手一樣可以做一個屬於自己的好吃生酮甜點喔！

Sophia

如果你很想念甜點帶來的幸福感，如果你擔心甜點帶來的負擔感，你一定要試著自己動手做Sophie的生酮食譜，細心簡單易上手，是一個很好的甜點導師喔！

波美

非常開心能成為Sophie的小幫手，另一方面也非常的緊張，能不能如期完成所有的食譜。當我開始了第一份食譜，發現Sophie的食譜真的簡單又好吃，因為之前做過其他的生酮甜點跟麵包，材料真的非常的複雜又不好購買，而且做出來的口感家人也都不能接受，而Sophie的食譜真的是家人朋友都稱讚，還有就是做法也是簡單得不得了，我相信不會烘焙的朋友做出來也是大家都稱讚喔！

Joy

謝謝Sophie設計的低醣甜點食譜，美味的甜點連孩子都搶食，更是顛覆家人對低醣甜點的印象。

Sunny

當Sophie的潛水粉絲很久了，Sophie's Keto Choice網站上的各個食譜都試過，好做又好吃。這本新食譜讓生酮飲食提升到新的境界，絕對不容錯過喔！

Contents

★ Part 1 ★
第一次低醣生酮烘焙
就上手

★ Part 2 ★
低醣生酮烘焙廚房
· Dessert ·

• Dessert •

★ Part 2 ★
低醣生酮烘焙廚房

• Bread & Pastry •

★Part 1★

第一次
低醣生酮烘焙
就上手

如何使用本書

本書分為兩個部分：

〈Part 1第一次低醣生酮烘焙就上手〉，你可以在這裡找到關於生酮飲食的基本知識、低醣生酮烘焙食材與器具介紹、認識各種代糖、低醣生酮烘焙常見問題、如何提高烘焙成功率。請在開始動手做之前，先閱讀Part 1。〈Part 2 低醣生酮烘焙廚房〉，各種圖示代表的意義如下：

難易度

★☆☆：簡單，新手建議從一顆星的食譜開始做起。

★★☆：中等但不會很難。

★★★：較難，需要多花一點時間。

過敏原

有些人對蛋、堅果、奶類過敏，因此食譜以下幾個圖案標示：

無蛋　　　無堅果　　　無奶

營養成分

每個食譜都有營養成分標示，以克數及百分比標示熱量、脂肪、蛋白質、總碳水化合物、膳食纖維、淨碳水化合物，讓大家可以更方便地追蹤宏量營養素的攝取量。

例如：杏仁巧克力蛋糕份量：6吋（8片），則營養成分為1片蛋糕。

熱量	脂肪	蛋白質	膳食纖維	總碳水化合物	淨碳水化合物
252大卡	24.4克(80%)	6.4克(9%)	3.1克	7.2克(10%)	4.1克

溫度：

食譜中的烤箱溫度皆上下火同溫，分別顯示攝氏（°C）與華氏（°F）兩種溫度，
例如：180°C（350°F）。食譜中若無特別指定，烤架都是放在烤箱中層。

其他注意事項：

食譜中使用的蛋連殼稱重60克，去殼淨重50克，在美國的讀者請購買large
size。

什麼是生酮飲食？

生酮飲食，英文稱為"Ketogenic Diet"，簡稱"Keto Diet"，也有人稱之為"Low Carb High Fat, LCHF Diet"。簡單來說，是一種以低碳水化合物、適量蛋白質、高脂肪的飲食方式。原則上一天熱量攝取比例為5—10%來自碳水、15—25%來自蛋白質、70—80%來自脂肪。

何謂「生酮」？

人體能夠使用的能量來源有三：碳水化合物、蛋白質、脂肪。其中碳水化合物是最容易被分解的（唾液就可以分解），其分解出的物質就是葡萄糖，它是人體第一個使用的能量來源。當我們限制葡萄糖的攝取一段時間之後（至少二—三週），身體便開始轉換成以燃燒脂肪為主要熱量來源，身體代謝脂肪後會產生酮體（Ketones），而此產生酮體的過程稱為生酮（Ketogenesis），當身體以酮體當作能量來源時，身體即處於酮態（Ketosis），當身體習慣以燃燒脂肪以取得能量時，稱為「酮適應」（Keto-adapted）。

酮適應的好處

血糖與肝糖的儲存量十分有限，血糖的儲存量為4克，肝糖為50—90克左右，另外在肌肉中也可以儲存葡萄糖，但儲存量因人而異，總之，我們的身體可以儲存葡萄糖的

量是很有限的。因此，當身體以葡萄糖作為能量來源時，我們經常感到飢餓，必須時常進食以補充能量。當我們「酮適應」之後，燃燒脂肪後所產生的脂肪酸，可以提供長時間的能量所需，而身體儲存脂肪的空間幾乎是無上限的！試想一位身材精瘦的馬拉松選手，體重72公斤，含有12%的身體脂肪，也就是說他有8.6公斤的能量可以運用，但是在他的血液、肝臟、肌肉中約只有500克的葡萄糖，你說哪個才是長效型能源？

因為身體開始以燃燒脂肪當作能量，有許多人因此瘦身成功，除此之外，還有許多好處：
● 降低飢餓感、減低食欲。[1]
● 比高碳低脂的飲食方式更有減重效果。[2]
● 改善膽固醇指數。[3]
● 改善血糖指數，逆轉糖尿病。[4]
● 使高密度脂蛋白膽固醇 HDL上升。[5]
● 精神集中、體力提升。
● 改善癲癇。[6]

碳水化合物的攝取量

「我每天可以攝取多少碳水化合物？」這是大家在開始生酮飲食時常見的問題，以成人平均而言，一天中碳水化合物攝取量控制在50克以內時，數週後身體便會開始以燃燒脂肪當作能量，但這只是一個平均數值，每個人的身體組成、新陳代謝、有無疾病等等，都會影響。如果想要確切知道自己是否進入酮態，則需以下幾種方式測量。

如何知道你入酮了沒？

測量酮體

　　要知道有沒有產生酮體，當然要測量囉！不然就像瞎子摸象，也是白搭呀。身體會產生的酮體有三種：乙醯乙酸（acetoacetate）、β-羥丁酸 (beta-hydroxybutyrate)、丙酮（acetone），分別以尿液、血液或呼吸來測量。

● 尿酮試紙：測量乙醯乙酸（acetoacetate），試紙可以在網路上買到，測量尿酮只適合生酮初期，當你已經適應酮態之後，你的身體能夠十分有效率的把乙醯乙酸給用掉，這時候就測不到尿酮了，但不代表你脫離酮態。有時候如果喝太多水，將乙醯乙酸稀釋，也會測不到酮態。

● 血酮試紙：測量β-羥丁酸（beta-hydroxybutyrate，BHB）。BHB是身體所產生的主要的酮體，主要在血液裡。可以購買血酮機以及血酮試紙，測量方式跟測血糖一樣，在指頭上扎針將血滴在試紙上，測量血酮是知道自己是否處在酮態的最準確的方式，但壞處是血酮試紙不便宜，而且要扎針。

● 呼吸酮測量器：測量丙酮（acetone）。研究指出，丙酮的產量與BHB正相關，市面上能夠測量呼吸酮的產品不多，目前據我所知只有Ketonix測量器。檢測呼吸酮的好處是不用扎針，且可以重複使用，缺點是單價頗高，而且它是間接測量，不如測量血酮準確。

測量酮體應該在什麼時候？

● 早餐前測量酮體：經過了一整晚斷食，這時候的酮體量最低，這時候如果酮體能有1.0 mm，代表一整天都能處於酮態。

●晚餐前測量酮體：在一天中酮體通常會逐漸增加，尤其當你攝取了高脂低碳的生酮飲食比例，在晚餐前酮體會比較高（2.0—3.0mm），由此可得知是否攝取了足夠的脂肪。

　　剛開始生酮飲食的時候，測量酮體是非常重要的，藉由測量，才能準確得知你的身體是否入酮了，當你與你的身體越來越熟悉時，就不一定需要每天測量。除此之外，測量酮體也可以知道某些食物是否會讓你脫酮，總之，想要正確地執行生酮飲食，這是一個非常有幫助的工具。

酮體應該在什麼範圍內最佳？

　　營養性生酮（Nutritional Ketosis）的血酮範圍為0.5—5.0mm，在這個範圍之內代表身體以燃燒酮體為能量來源。酮體並不是越高越好，許多研究顯示，超過5.0mm並沒有帶給身體更多益處。

　　許多網路謠言指出，生酮飲食會造成酮酸中毒，酮酸中毒是指血液中有太多的酮體（15—25 mm），使血液變得過酸，嚴重時會造成生命危險，這通常發生在第一型糖尿病，以及非常晚期的第二型糖尿病。根據Dr. Peter Attia指出，正常人是不可能因為斷食、限制碳水化合物而引起酮酸中毒，因為只要身體能夠分泌一丁點的胰島素，血酮就不可能超過7—8mm。

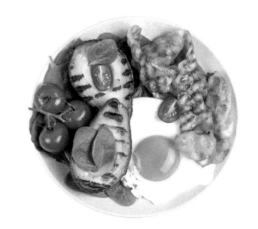

如何開始生酮飲食？

A.飲食方面

- 限制碳水化合物的攝取！不吃任何澱粉、穀類、富含澱粉的根莖類（如：馬鈴薯、飯、麵、麵包……）

- 限制水果。水果中含有大量糖分，使血糖快速上升。只有少部分的水果可以吃，如藍莓、覆盆莓，一次吃的量不能超過一個掌心大小（大約80—100克），剛開始生酮飲食的同學，因為還不清楚每日可以容忍的碳水量的限值，建議暫時先完全不吃水果。

- 完全不吃糖，除了含糖飲料、甜食之外，特別注意你用的調味料裡面有沒有糖！（請至SKC部落格，閱讀〈一分鐘教你看懂「隱藏的糖」〉）

- 盡量自己做餐點，因為外面賣的很多東西都有加糖，或使用劣質油，也有許多隱藏的澱粉，像是勾芡、魚漿。

- 不喝酒，尤其是啤酒。酒精會影響酮體產生，而啤酒內含有非常高的碳水化合物，如果一定要喝，可以少量喝紅酒、白酒、香檳。（在適應酮態之後，除了啤酒以外，還是可以小酌的，但在還未適應之前，為了避免影響酮體產生，應該完全禁酒）

- 攝取富含脂肪的食物，如草飼牛排、雞腿（不去皮）……請參考SKC部落格的食譜。

- 吃原型食物（有機、草飼、不含抗生素的食物為佳）。

B. 開始記錄你吃了什麼

- 記住，生酮飲食是按照以下熱量比

例：5—10％碳水、15—25％蛋白質、70—80％脂肪，每個人能夠攝取的碳水限值不一樣，有些人運動量大，他也許可以吃15％碳水，如果你有糖尿病，也許你只能攝取5％碳水。根據Dr. Phinney的建議，可以從每日攝取50克碳水化合物開始，以此作為基準，如果一直沒辦法測出酮體，那就再減低，如果可以測出酮體，那可以試著加一點，看看會不會脫酮，以此去尋找最適合自己的比例。

- 使用手機APP：「Myfitnesspal」是一個十分好用的記錄食物APP，它上面有非常多食物資料，只要加進你吃的東西，它會自動幫你計算熱量、營養比例，非常好用，免費下載。

C. 學會看懂產品成分標籤

- 市面上販售的產品，很多都有添加糖，請至SKC部落格閱讀〈一分鐘教你看懂「隱藏的糖」〉。
- 有許多無糖產品加了人工代糖，或使用次等糖醇，對人體有負面的影響，請詳細介紹請閱讀〈認識低醣生酮烘焙中的各種代糖〉這一章節。

生酮飲食推薦閱讀書籍

因篇幅有限，本章只能概略講解生酮飲食的大方向，推薦你閱讀以下幾本書，會有更加全面的了解：

- 《肥胖大解密》（The Obesity Code），2018，傑森·方（Jason Fung）著／周曉慧譯，晨星出版。
- 《生酮治病飲食全書：酮體自救飲食者最真實的成功告白》（Keto Clarity: Your Definitive Guide to the Benefits of a Low-Carb, High-Fat Diet），2017，吉米·摩爾（Jimmy Moore）、艾瑞克·魏斯特曼（Eric C. Westman）著／游懿萱譯，柿子文化出版。

- 《好卡路里，壞卡路里：醫師、營養專家、生酮高手都在研究的碳水化合物、脂肪的驚人真相！》（Good Calories, Bad Calories），2019，蓋瑞·陶布斯 （Gary Taubes）著／張家瑞譯，柿子文化出版。
- Dr. Stephen Phinney & Jeff Volek , (2011), The Art and Science of Low Carbohydrate living ,Beyond Obesity LLC.

「低醣生酮烘焙」和「傳統麵粉烘焙」有什麼不同？

　　從未接觸低醣生酮烘焙的你，可能覺得前方有一座巨大的高山，真不知怎麼跨越，低醣烘焙時常運用的杏仁粉、椰子粉、洋車前子粉……這些食材根本完全沒聽過！低醣生酮烘焙和傳統麵粉烘焙有什麼不同？口感上有什麼差異？食材可以替換嗎？想要一頭栽進去之前，擁有基本的低醣生酮烘焙知識可以讓你少走點冤枉路！如果你跟我一樣有「scientific mind」，總是想要知道「為什麼食譜這樣設計」，這篇可以滿足你對於低醣生酮烘焙的好奇心！

「低醣生酮烘焙」和「傳統麵粉烘焙」的差異：

A.麩質對於烘焙成品的影響：
- 給予彈性：剛接觸生酮烘焙的朋友，很直覺的想法就是，把原本使用麵粉的食譜直接替換成杏仁粉、椰子粉等低醣烘焙粉，這絕對會是注定失敗的命運。低醣烘焙粉和麵粉有天差地遠的性質，其中最大的差別就是，麵粉含有麩質 （Gluten），麩質有十分神奇的特性，遇到水之後，會產生像橡皮筋一樣有彈性的「麵筋」，使麵包在烘烤時，能夠撐起一個像口香糖泡泡的彈性網，把酵母產生的空氣包起來，在酵母與麩質一起作用的結果下，使麵包鬆軟又有嚼勁。
- 保水性及延緩老化：麩質有很強的保水性，蛋糕能夠濕潤有彈性，都要感謝

麩質延緩水分的流失，使水分不會在烤箱中快速蒸發，或是在烤好之後成品不會快速老化。如果你做過無麩質烘焙的話，你可能已經注意到，無麩質的成品特別容易乾硬掉。

● 幫助定型：麩質能夠幫助黏合各項材料，使成品定型，不容易塌陷、碎裂。

　　但不巧的，書中所使用的低醣烘焙粉，如杏仁粉、椰子粉、亞麻籽粉、洋車前子粉等等……都沒有麩質，所以這些麩質才能產生的特性，低醣烘焙粉都很難做到。[7]

　　看到這裡，是否心頭已涼了一半？也許你已經認為，加入生酮飲食，必定要跟美食說掰掰了……先別急著放棄！在歐美國家，低醣飲食已經有非常久的歷史，早已有很多人研發出各種不同的配方，去彌補低醣烘焙粉的不足，本書中的番茄培根辮子麵包就是一例，利用莫札瑞拉起司牽絲有嚼勁的特性，去模擬麵包的口感，或是像巧克力奶酥捲中，使用洋車前子粉，來增加麵皮Q軟的彈性，低醣烘焙其實有無窮潛力！說不定哪天你也能調配出超棒的食譜配方呢！

　　再說，無麩質其實不見得全是壞事，因為「沒有筋性」、「難以膨脹」，所以在製作塔皮的時候，可以盡情攪拌，不用擔心麵糰會出筋，也不需要鋪派石，因為低醣塔皮不太會膨脹；製作司康的時候因為沒有麵筋，要怎麼揉都無所謂，也不需要鬆弛……傳統烘焙中的一些眉眉角角，在低醣烘焙中都可以不必在乎，其實對於烘焙新手來說，低醣烘焙還比較平易近人呢！

　　這樣大家有沒有稍微重拾信心了？接下來，我們繼續看下去！

B. 糖對烘焙成品的影響

很顯然地，低醣烘焙即是不能使用糖，所以食譜中皆是使用代糖，各種代糖的性質和購買方式請閱讀〈認識低醣生酮烘焙中的代糖〉一章，首先讓我們來談談「糖」在烘焙中扮演的角色。

糖在烘焙中不僅只是產生甜味而已，它有很多非常重要的功能：

- ●穩定打發蛋白，避免快速消泡。
- ●避免蛋白打發過度。
- ●保濕烘焙成品。
- ●幫助膨脹。
- ●讓烘焙品更柔軟。
- ●提供美麗的焦糖色。
- ●提供脆度。
- ●降低凍結點（Freeze Point），使冰淇淋有creamy的口感。
- ●還有很重要的一點，在麵包的製作中，糖是酵母的養分，沒有糖的話酵母無法工作，自然也不能產生二氧化碳，使麵包膨脹。

少了糖，這些特性也隨之消失，所以在低醣生酮烘焙中，常必須運用其他的物質來彌補，如添加泡打粉或小蘇打粉來幫助膨脹，使用塔塔粉幫助穩定蛋白打發，使用奶油乳酪增加濕潤度……

你可能覺得疑惑，為何要解釋麵粉和糖的烘焙特性？這些不是都與低醣烘焙無關嗎？這是為了給大家一個概念，低醣烘焙和傳統烘焙有哪些不同，這樣你就會明白，食譜哪些材料是不能增減、替換的，如果調整食譜，對口感會有什麼影響。

同時你可以預期，當麩質和糖的特性都拿掉之後，對於成品口感的影響，

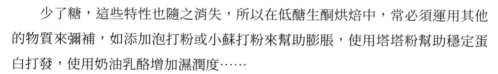

也可以預測，哪些低醣烘焙食品會跟傳統烘焙食品口感較相似，哪些比較難以模仿。

比如說，在麵包、麵點中，最主要的口感（有嚼勁）是來自高含量的麩質（因使用高筋麵粉），所以在低醣烘焙就比較難模仿真正麵包的口感。

但使用低筋麵粉的蛋糕，麩質含量較少，就比較容易模仿，像是杏仁巧克力蛋糕（請參考P.103）的口感就跟麵粉烘焙成品幾無二致。還有大家都很喜歡的乳酪蛋糕，本身幾乎沒有麵粉，只要換成代糖，完全吃不出差別，如：半熟乳酪蛋糕（請參考P.99）、大理石重乳酪蛋糕（請參考P.95）。

低醣生酮烘焙的其他挑戰

● 材料沒有標準化：除了上述所說，低醣烘焙粉本身缺乏麩質、糖提供的特性之外，低醣烘焙粉沒有標準化，也是挑戰之一。比方說，麵粉有高、中、低筋之區別，這是依照麵粉含有的蛋白質百分比去劃分的，每個國家的標準大致相同，但是在低醣烘焙粉材料中，卻沒有標準化。例如，每個牌子的椰子粉吸水率都不同，而生酮烘焙粉經常使用的堅果醬，每個牌子的稀稠程度也不同，就連標示「赤藻醣醇」，許多牌子摻雜了其他甜味劑，使得甜度不一，這些都會影響最終成品。不過大家也不用因此打退堂鼓，在這本食譜中，我都會用文字描述麵糊應該是什麼樣的質地，並附帶照片或影片說明，讓大家能夠更明白。

● 口感和營養比例的平衡：不可否認地，模擬和傳統烘焙粉成品相似的口感是研發低醣食譜的指標之一，讓我們在生酮飲食中仍能夠享用美食，但是口感不是唯一指標，最重要的就是營養成分的比例。為了符合低醣高脂為原則，在食材上的選擇也有所限制，這也是一種擇食的概念，選擇對我們身體健康有益的，是Sophie's Keto Choice一貫的理念。

認識低醣生酮烘焙中的食材

主要食材：

本書為了簡化材料，主要食材只有杏仁粉、椰子粉、亞麻籽粉、洋車前子粉、奇亞籽粉五樣材料，跟坊間其他的烘焙書相比，這已經是不能再簡化的了！

如果想要提高成功率與最佳口感，強烈建議不要自行替換材料，如果有可以替換的材料，食譜上會標明，請根據食譜的說明操作。

所有材料皆無限定品牌，測試小幫手們使用的牌子皆無統一，他們的成功率是100%！最重要的是，依照食譜按部就班地操作，並且根據食譜中對於麵糊質地的描述作判斷，只要遵照這兩點，相信大家都可以做出成功的作品。[8]

● 杏仁粉（Almond Flour）

杏仁粉絕對是低醣烘焙運用最多的一項材料，這裡並非指台灣常見用來沖泡杏仁茶、有著強烈香氣的杏仁粉，此處指的杏仁粉（Almond Flour），是由美國甜杏仁磨碎打成粉之後，變成細緻的粉末，淡黃色，沒有強烈香氣，只有淡淡的堅果香。烘焙中使用杏仁粉，不是低醣烘焙專屬，著名的法式甜點馬卡龍、瑪德蓮就都是使用杏仁粉製作的。

在購買杏仁粉的時候要注意，中文翻譯都叫杏仁粉，但其實杏仁粉有兩種：

● 無去皮杏仁粉（Almond Meal／Raw Almond Flour）：杏仁未經去皮打磨而成，顆粒較大，棕褐色，烘烤出來的成品口感較

粗、較扎實，並有顆粒感，成品顏色也會偏棕褐色。可以用來做塔皮、起司蛋糕的餅乾底。

- 去皮杏仁粉（Blanched Almond Flour）：杏仁經過浸泡後去皮再打磨，鵝黃色，粉質細緻。適合做蛋糕、餅乾，建議購買磨得極細的杏仁粉，成品口感才會細緻，跟麵粉做出來的比較像。本書中的食譜皆是使用去皮杏仁粉。

營養價值：

杏仁粉含有豐富的鈣質，遠勝於其他堅果，也含有豐富蛋白質、微量鎂、銅等多種維生素、礦物質。每1/4杯（28克）的杏仁粉，有160大卡熱量、14克脂肪、6克蛋白質、6克碳水化合物和3克膳食纖維，使它成為非常好的低醣烘焙粉。

儲存方式：

因為杏仁含有高量的多元不飽和酸，容易氧化，建議開封後儲存於冰箱或冷凍庫，盡速使用完畢。如果從冷凍庫拿出來的話必須要等它退冰，因為杏仁裡的油脂會結塊，杏仁粉就會一塊一塊的，不好攪拌。

購買管道：

各大烘焙材料行、Costco好市多、iHerb、Amazon搜尋「Bob's Red Mill,Super-Fine Almond Flour, Gluten Free（Bob's Red Mill無麩質超細杏仁粉）」。

● 椰子粉（Coconut Flour）

低醣烘焙裡使用的椰子粉，是由椰子肉烘乾磨碎至非常細緻的粉末，淡黃色，因為容易和麵包上的椰子絲混淆，有時候也稱椰子細粉。麵包上的椰子絲是沒有磨碎的（desiccated shredded coconut），不可代替椰子粉使用，不要買錯了。

營養價值：

椰子粉低醣、高纖、有豐富的蛋白質，經常在低醣烘焙中使用，每1/4杯(28克) 有120大卡熱量、4克脂肪、4克蛋白質、16克碳水化合物和10克纖維。想要補充纖維攝取的朋友，椰子粉是個很好的選擇。椰子不屬於堅果類，所以對於堅果過敏的朋友，椰子粉是很好的烘焙材料。

特殊屬性：

椰子粉和其他低醣烘焙粉的屬性有很大的不同，它非常非常吸水，所以在使用椰子粉的食譜中，通常需要很多蛋或是液體。椰子粉吸水後會膨脹，因此食譜中只需要少量，以經濟價值來衡量，它的CP值很高。

儲存方式：

密封儲存在陰涼的地方，一定要封緊，不然椰子粉暴露於乾燥空氣中會越變越乾燥、越來越吸水；反之，若在台灣等潮濕地區，椰子粉則會吸收空氣中濕氣，形成結塊，影響成品口感。不需要放在冰箱。

購買管道：

在iHerb搜尋「Nutiva, Organic Coconut Flour（Nutiva無麩質椰子粉）」Amazon搜尋「Anthony's Organic coconut flour（Anthony's椰子粉）」。

● 亞麻籽粉（Flaxseed Meal）

亞麻籽帶有非常硬的外殼，人體無法將其分解，一定要磨成粉才能食用。亞麻籽有分棕褐色和金黃色的，其營養價值沒有區別，但如果想擁有最佳口感，請使用金黃色的亞麻籽粉，褐色的亞麻籽粉吸水率較差，口感粗糙，本書皆使用黃金亞麻籽粉。

亞麻籽可以當作蛋的替代品（素蛋），因

此在素食中經常使用，但是如果食譜中需要使用非常多蛋的話，就不適合用亞麻籽代替。

1大匙亞麻籽粉＋3大匙水＝1 顆蛋

因亞麻籽其內含有的可溶性纖維，會吸水，所以使用亞麻籽的食譜液體比例會比較高。用亞麻籽粉做的烘焙品會帶有黏滑感，因此建議用磨豆機磨細一點，可以減少黏滑感。

營養價值：

亞麻籽含有高量的α-亞麻油酸（alpha linolenic acid，簡稱ALA），α-亞麻油酸為Omega-3脂肪酸，能夠預防心血管疾病。亞麻籽含有大量纖維，可以幫助控制血糖、降低低密度脂蛋白膽固醇（low density lipoprotein cholesterol，簡稱LDL）、富含維生素B、礦物質、極低醣，是非常好的低醣烘焙材料。除此之外，它含有高抗氧化劑（Antioxidants），被視為健康食物，帶有堅果味。每2大匙（14克）的亞麻籽粉有70大卡熱量、5克碳水化合物、4克纖維、3克蛋白質。

儲存方式：

亞麻籽含有高量的多元不飽和脂肪酸，很容易氧化，要放進冰箱保存，並盡速食用完畢。亞麻籽氧化後會有像是油漆的味道，不能再食用。

購買管道：

在iHerb、Amazom搜尋「Bob's Red Mill,Organic Golden Flaxseed Meal（Bob's Red Mill有機燕麥片）」，若從台灣海外網購，雖然已經磨成粉，但因為亞麻籽粉帶有seed字眼，海關容易誤會，請自行考慮要不要網購；或在里仁有機商店、泓信企業、任何傳統市場現磨的都可以購買。

● 洋車前子粉（Psyllium Husk Powder）

　　營養價值：

　　洋車前子為可溶性纖維，吸水後會變成凝膠狀，能夠增加排泄物體積，使「嗯嗯」更輕鬆愉快，常被使用於解決便秘、拉肚子。但要注意的是，因為其含有大量纖維，食用時一定要喝足夠的開水，否則便秘的情況反而會更嚴重。洋車前子也可以幫助控制血脂、延緩血糖上升速度、給予飽足感。每2茶匙（9克）的洋車前子粉有30大卡熱量、0克脂肪、7克碳水化合物、3克纖維。

　　食譜中使用的洋車前子都是粉末型態，而非整顆洋車前子穀，市面上有售粉末、全穀，建議買粉末會比較方便，或是自己用打粉器磨成粉。有些品牌的洋車前子粉是灰紫色的，在視覺上不是那麼好看，但不影響功能。

　　特殊性質：

　　因為低醣烘焙粉都是無麩質的，在沒有麩質的狀況下，黏合材料的能力較差，容易碎裂。洋車前子粉可以模擬部分麩質的性質，當作結合劑、增稠劑來使用，同時也提供成品類似麻糬的Q軟口感。

　　儲存方式：密封儲存於陰涼處。

　　購買管道：

　　在iHerb搜尋「Now Foods, Psyllium Husk Powder（Now Foods健康食品洋車前子穀粉）」、Amazon搜尋「NOW Supplements, Psyllium Husk Powder」。

● 奇亞籽（Chia Seed）

奇亞籽主要產地在墨西哥，是古時馬雅及阿茲塔克人的主要作物。有分白色和黑色，顏色不影響其營養價值。奇亞籽溶於水後會變成凝膠狀，有點像山粉圓，奇亞籽布丁就是利用其產生凝膠的特性，來當作凝結劑做成的。其營養價值和亞麻籽很類似，但是奇亞籽不需要磨成粉就能食用。

營養價值：

奇亞籽富含Omega-3、富含纖維、抗氧化物、鐵及鈣質，可以預防心血管疾病、給予飽足感、延緩血糖上升、幫助解決便秘問題。每28克的奇亞籽，含有131大卡熱量、8克脂肪、13克碳水化合物、11克纖維、6克蛋白質。

儲存方式： 密封儲存於陰涼處。

購買管道：

奇亞籽為種子類，沒有磨成粉，請不要在海外網購，可以在里仁有機食品購買。住國外的朋友請在Amazon搜尋「Nutiva black chia seed（Nutiva有機奇亞籽）」。

副食材：

以下食材為增加低醣烘焙成品的口感與結構，但非必要，食譜中皆有註明可以替換的材料。

● 燕麥纖維（Oat Fiber）

燕麥纖維全是不可溶纖維，由燕麥的外殼磨成粉而來，加在低醣烘焙中，除了可以增加纖維攝取之外，也可以增強成品結構。本書為了簡化材料，食譜

中使用燕麥纖維只是以健康為考量，增加纖維攝取，但非必要材料，可以由杏仁粉代替，不影響成品的口感與成功率。燕麥纖維也可以加在綠拿鐵、奶昔中，唯獨要注意，使用量不可過多，否則會有像吃到沙子一般的口感。

儲存方式：密封儲存於陰涼處。

購買管道：

在iHerb、Amazon搜尋「NuNaturals, Oat Fiber（NuNaturals NuGrains燕麥纖維）」。

● 黃原膠 （Xanthan Gum）

黃原膠可以模擬麩質的特性，增加麵包的彈性、麵皮的延展性。黃原膠是由玉米發酵而來，常被當作增稠劑使用，廣泛地被應用在冰淇淋、調味料、沙拉醬裡。雖然它的來源是玉米，但它不是澱粉，淨碳水為零。對玉米過敏的人不能食用。

除了烘焙之外，它也可以當作芡粉來使用，增加醬汁的濃稠度。唯獨要注意，黃原膠的顆粒很細，很容易不小心盛太多，造成黏滑口感。在盛裝之前請先抖動袋子，將粉抖鬆後再盛出，每次加1/8到1/4茶匙，慢慢加到自己喜歡的稠度，每次增加之間需等待數分鐘的時間讓它變稠，一次加太多會有如鼻涕般的黏滑感。

黃原膠除了烘焙，也可以在料理中使用，可說是用途廣泛。書中有多個食譜使用到它，如果經濟許可，不妨將它跟其他食材一起買回家，如果沒有也無妨，食譜中的黃原膠皆可以省略，對口感與成品成功率無顯著影響。

儲存方式：密封儲存於陰涼處。

購買管道：

　　在iHerb搜尋「Bob's Red Mill, Xanthan Gum, Gluten Free（Bob's Red Mill無麩質黃原膠）」，Amazon搜尋「Anthony's Xanthan Gum, 1lb, Batch Tested Gluten Free, Keto Friendly」。

● 乳清蛋白粉（Whey Protein Powder）

　　乳清（Whey）是在製造起司或優格後剩下的液體副產品。在加工之前，牛奶中約有20%為乳清，其他80%為酪蛋白（Casein），乳清蛋白可以有效修復身體受損的組織、增大肌肉、延緩肌肉衰退，人體可以快速吸收利用，因此在健身運動界裡很受歡迎，提煉加工後的乳清蛋白粉被應用在能量棒、蛋白質奶昔等運動健身產品中。乳清蛋白粉通常又分為分離乳清蛋白（whey protein isolate）和濃縮乳清蛋白（whey protein concentrate）。

　　分離乳清蛋白粉（Whey protein isolate）和濃縮乳清蛋白粉（Whey protein concentrate）有什麼不同呢？簡單來說，因為提煉的方法不同，分離乳清蛋白所含有的乳清蛋白純度更高，並且將碳水化合物、脂肪幾乎去除，也幾乎不含有乳糖，因此乳糖不耐者也可以食用分離乳清蛋白，因為純度高，價錢也會比濃縮乳清蛋白高一點。

　　市售乳清蛋白粉產品的成分、熱量及蛋白質差距很大，在購買前一定要看清楚成分標籤。

　　乳清蛋白粉因為遇水後能產生黏性，因此在低醣食譜中用來取代糖漿黏黏的特性，以黏合材料。本書中只有蛋白質堅果能量棒有用到乳清蛋白粉，如果

沒有也沒關係，可以省略，只是成品會比較易碎。

儲存方式：密封儲存於陰涼處。

購買管道：在iHerb 搜尋「California Gold Nutrition, SPORT, Whey Protein Isolate, Unflavored, 90% Protein（California Gold Nutrition乳清蛋白）」，Amazon搜尋「Optimum Nutrition Gold Standard 100%Whey Protein Powder（Optimum Nutrition Gold Standard乳清蛋白）」。

其他食材：

● 無鋁泡打粉（Aluminum Free Baking Powder）

以往因為泡打粉中有添加鋁，使其食用安全有疑慮，但現在無鋁泡打粉已經十分普及，在選購時請認明Aluminum Free。泡打粉的成分為小蘇打、酸性劑（如：塔塔粉）、玉米粉（為了吸除濕氣），其功用在於膨脹、給予成品輕柔鬆軟的口感，在低醣烘焙裡時常會看到它。

儲存方式：密封儲存於陰涼處。

購買管道：各大超商，或在iHerb、Amazon搜尋「Bob's Red Mill, Baking Powder, Gluten Free（Bob's Red Mill無鋁泡打粉）」。

● 香草精（Vanilla Extract）

香草精是烘焙中時常用到的口味增強劑（Flavor Enhancer），除了給予馥郁的天然香草香氣，同時可以掩蓋蛋味，購買時建議選擇有機的產品。

大家也可以自製香草精，非常簡單，將數根香草莢剖開，泡在伏特加裡

（便宜的即可），數個月後就有天然的香草精了。

＊食譜中的香草精皆可省略，不影響成功率。

　　儲存方式：儲存於陰涼處。

　　購買管道：

　　各大烘焙行，或在iHerb、Amazon
搜尋「Simply Organic, Madagascar
Vanilla,Non-Alcoholic Flavoring, Farm
Grown（Simply Organic香草精）」。

● 鮮奶油（Heavy Cream）

　　鮮奶油又叫做heavy cream、heavy whipping cream，乳脂肪含有至少
36％以上，請選擇動物性的鮮奶油。

　　儲存方式：請冷藏，並放在冰箱較冷的地方，不要放在門邊。選擇開口是塑膠瓶蓋的保存時間較長，如果是紙盒撕開的，開封後，將廚房紙巾以烈酒沾濕，折疊後夾在開口處再封起，可以延長保存時間。

　　購買管道：各大超商 。

● 酸奶油（Sour Cream)

　　為奶類製品，由鮮奶油與乳酸菌發酵而成，在低醣烘焙中可以增加成品的濕潤度與保濕性。注意，酸奶油（Sour Cream)與酸奶/優格（yogurt）是兩個不同的奶製品，美式酸奶油含有約20％脂肪，酸奶含有10到12％脂肪。

將酸奶油抹在馬芬、比司吉上都會很好吃。

儲存方式：請冷藏。

購買管道：Costco或烘焙行。

● 奶油乳酪（Cream Cheese）

奶油乳酪是新鮮乳酪，含有至少33%的脂肪與不超過55%的水，添加在食品當中能夠增加成品的濕潤度與保濕性。請選擇以磚塊狀販賣的，不要選擇奶油乳酪抹醬（Spread），會使成品過濕。

儲存方式：冷藏（請勿冷凍，會油水分離），如果無法一次用完，在切口處抹上烈酒，可延長保存時間。

購買管道：各大烘焙行、固德威乳酪專賣店。

● 莫札瑞拉起司絲（Mozzarella Cheese）

莫札瑞拉起司絲在低醣烘焙的作用為，以起司的延伸性模擬麩質的延展性，可以用來做生酮麵包，如：番茄培根辮子麵包（請參考P.183）。為了控制成品的濕潤度，食譜限制一定要使用Pre-Shredded Low Fat Part Skim Mozzarella Cheese（請認明英文標示），脂肪含量每28克不超過6克的莫札瑞拉起司絲，請不要用新鮮的莫札瑞拉起司，或切成片狀的起司片。

儲存方式：冷藏。

購買管道：Costco 好市多、固德威乳酪專賣店。

● 椰漿（Coconut Cream）

食譜中的鮮奶油皆可用椰漿代替，這裡指的是罐頭裝的椰漿，質地濃稠，在選購時請認明無加糖的。

如何打發椰漿代替打發鮮奶油？

將罐頭冷藏數小時，小心打開罐頭，不要晃動，將飄在表面上的脂肪以篩網撈起，剩餘的椰子水不用，如此可打發椰漿，但其體積不會像打發鮮奶油一樣大，也不會打到很硬挺。

儲存方式：未開封前儲存於陰涼處，開封後請冷藏。

購買管道：超商或亞洲超市。

● 無糖花生醬（Unsweetened Peanut Butter）

花生醬在各地都很普及，選購時請認明無加糖（No added sugar或Unsweetened），如果標註為Sugar Free，通常是已經加了代糖，此時請閱讀成分標籤，如果是低醣生酮認可的代糖，則可以購買，但是食譜中糖的份量就必須減少。

盡量選擇有機的、非基因改造的，且避免選擇成分中含有氫化油、棕櫚油等壞油的產品。

食譜中使用的無糖花生醬可以用任何堅果醬取代，對堅果過敏者，可以用南瓜籽醬（Sunflower seed butter）取代。堅果醬在靜置後會有油醬分離的現象是正常的，使用前將其攪拌均勻即可。

儲存方式：未開封前儲存於陰涼處，開封後請冷藏。

購買管道：在iHerb、 Amazon搜尋「Spread The Love NAKED Organic Peanut Butter（Spread The Love NAKED有機花生醬）」。

認識低醣生酮烘焙中的代糖

開始生酮飲食之後，相信有很多人跟我一樣，對於食譜上寫的各種代糖很困惑，赤藻糖醇、甜菊糖……這些到底是什麼？它們是人工的還是天然的？哪裡可以購買？這篇將詳細說明各種代糖的優缺比較，並附上購買資訊，從今天起我們一起開始斷糖吧！

生酮適用的代糖：

低醣生酮烘焙中適用的代糖有：赤藻醣醇、木糖醇、甜菊糖、羅漢果糖，這些代糖都是天然的，因為人體無法將其分解，所以它們對於胰島素的影響微乎其微，碳水也可以不計。

糖醇類 （SUGAR ALCOHOLS）

糖醇聽起來十分「化學」，有許多人誤以為是人工合成的，其實不然。糖醇是天然的喔！它們少量地存在於水果和蔬菜當中，或是可以經由發酵植物的糖分獲得。因為人體無法將之完全分解利用，所以它們產生的熱量非常少，但是有些糖醇會造成腸胃不適，常用的為以下幾種：

● 赤藻糖醇（Erythritol）

赤藻糖醇不會使血糖或是胰島素上升，沒有熱量，也不像其他的糖醇會造成腸胃不適，因為它在小腸就被吸收了，不會跑到大腸。少量使用時不會產生任何後味（aftertaste），但大量使用時會有一種涼涼的後味，像是舔到冰塊似的，這樣的情況可以將赤藻醣醇用磨豆機磨成粉來改善，或是將它的使用量降低，跟甜菊糖搭配使用。

它在液體中的溶解度較差，有時候會在成品中吃到顆粒感。同樣地，磨成粉之後就能改善，市面上也有售已經磨成粉狀的赤藻糖醇。赤藻糖醇的甜度是糖的70%，使用它代替糖時的比例為：赤藻糖醇：糖＝1.3：1。

若食譜註明需使用赤藻醣醇粉，請用沒有帶水氣的磨豆機或強力果汁機打成粉狀，或是購買已經打成粉狀的Swerve Confectioners。Swerve為代糖品牌名稱，其成分為赤藻醣醇＋寡醣，與白糖可以1:1等量替換，生酮適用。

購買管道：

在iHerb搜尋「Now Foods, Real Food, Organic Erythritol」。

粉狀的Swerve Confectioners，可在iHerb搜尋：「Swerve, The Ultimate Sugar Replacement, Confectioners」。

顆粒狀的Swerve，可在iHerb搜尋：「Swerve, The Ultimate Sugar Replacement, Granular」。

也可在Amazon搜尋：「Anthony's 赤藻糖醇」。（這是我在Amazon上看到最便宜的，品質也不錯。）

● 木糖醇（Xylitol）

木糖醇跟赤藻醣醇一樣，都是天然的，但是不像赤藻醣醇，它會稍微提升血糖，木糖醇的升血糖指數（Glycemic Index，簡稱GI）為13（白糖為63），相較之下，跟白糖比起來，GI算是非常低了。人體不會將木糖醇完全吸收，到底會吸收多少未定論，因此食譜中的營養成分將其碳水忽略不計。

木糖醇的好處是，它跟白糖的甜度一致，可以用1：1代替，十分方便，而且沒有任何後味。在低醣生酮烘焙中，利用它不會結晶的特性來製作生酮冰淇淋，能達到與市售冰淇淋一樣軟綿的效果。

除此之外，木糖醇能強化琺瑯質、預防蛀牙，因此很多口香糖裡都有加。木糖醇在大量使用時可能會引起腸胃不適，而且有些人會因為木糖醇而脫酮。初期使用木糖醇時，要密切監測你的尿酮或血酮。木糖醇對狗有致命毒性，因此家裡有養狗的人，一定要收好。

購買管道：

在iHerb搜尋：「Now Foods, Real Food, Xylitol」、Amazon搜尋：「NOW Foods, Xylitol, Pure with No Added Ingredients, Keto-Friendly, Low Glycemic Impact, Low Calorie」。

植物萃取的甜味劑

● 甜菊糖（Stevia）

甜菊糖是一種天然的甜味劑，由一種叫做Stevia rebaudiana的植物萃取來的，液體甜菊糖的甜度為白糖的三百倍。甜菊糖不會使血糖上升，而且零熱量，是非常好的甜味劑。唯一的缺點是，它帶有一種金屬的苦味，當大量使用

時，苦味會更加明顯，所以通常會搭配其他的甜味劑一起使用，像是赤藻醣醇。有分粉末、液體、糖漿三種型態。

● 粉末甜菊糖：許多市售的粉末甜菊糖，為了烘焙使用方便，會添加麥芽糊精maltodextrin或dextrose，好讓甜菊糖的重量增加，以達到與白糖1：1的重量，以便在烘焙的時候可以等量替換白糖。但是麥芽糊精和dextrose都會使血糖上升，尤其是麥芽糊精的升血糖指數為110，Dextrose則是100，千萬不要使用含有麥芽糊精和dextrose的甜菊糖！建議使用純的甜菊糖粉末。

購買管道：

在iHerb搜尋：「Now Foods Better Stevia」、Amazon搜尋：「WHC All Natural Stevia Powder」、「Now Better Stevia Organic Sweetener」。

液體狀的甜菊糖（Liquide Stevia Extract），通常放在滴管瓶裡，因為它的高濃度，烘焙時的換算有點困難，而且每一個廠牌所提煉出來的甜度有點不一樣，要拿捏它的甜度，在使用液體甜菊糖時，我通常會以一滴為單位慢慢加，加到自己喜歡的甜度。

購買管道：

在iHerb搜尋：「Now Foods, Better Stevia」。

液態甜味劑，可在iHerb搜尋「Now Foods, Better Stevia, Zero-Calorie Liquid Sweetener」，或在Amazon搜尋「SweetLeaf Sweet Drops Liquid Stevia Sweetener」、「Sweet Drops Sweetleaf Liquid Stevia Sweetener」。

● Stevia Glycerite：是一種如同蜂蜜質地的糖漿，跟液體甜菊糖不同的是，它沒有像液體甜菊糖那麼濃縮、那麼甜，它的甜度約為白糖的200％，而且不帶苦味。通常要跟其他的甜味劑一起使用，以增加成品的重量。

購買管道：

在iHerb搜尋：「Now Foods, Better Stevia, Zero-Calorie Liquid Sweetener, Glycerite（Now Food 優質甜葉菊）」，Amazon搜尋：「Now Foods Stevia Glycerite」。

● 羅漢果（Monk Fruit）

羅漢果濃縮糖漿的甜度為白糖的兩百至三百倍，不會使血糖升高，它不像甜菊糖有苦味，也沒有赤藻醣醇的涼味，是很好的天然甜味劑。同樣地，因為它如此濃縮，許多粉末狀的羅漢果代糖有添加麥芽糊精maltodextrin或dextrose，購買前要仔細看標籤。

我接觸生酮烘焙接近兩年的時間，從一開始使用赤藻醣醇、甜菊糖，現在幾乎只使用Lakanto羅漢果糖和Swerve，是我最喜歡用的代糖。Lakanto是使用羅漢果糖萃取液和赤藻醣醇混合，可以與砂糖1：1替換，涼味比赤藻醣醇低，因此食譜中不需要將其混合甜菊糖液，使用更為方便。Lakanto有出Golden黃金版，類似brown sugar，就是台灣時常用的二砂，帶有焦糖香味。

依Lakanto官方說法，其甜度與砂糖相當，照理說如果替換成赤藻醣醇，應該將其乘以1.3倍，但依照小幫手的實測結果，食譜中使用的羅漢果糖，都可以將其替換成等量的赤藻醣醇。

購買管道：在iHerb搜尋：「Lakanto, Monkfruit Sweetener with Erythritol」。

生酮不適用的代糖

山梨糖醇（Sorbital）、麥芽糖醇（Maltitol）

這兩個糖醇常常在市售的無糖產品中會看到，但是不建議使用，麥芽糖醇糖漿的升血糖指數（GI）為52，粉狀麥芽糖醇為36（白糖為63），而山梨糖醇雖然GI為9，但是它1克有2.6大卡的熱量，且甜度只有白糖的一半。所以為了要達到跟白糖一樣的甜度，使用量必須加倍，在同樣的甜度衡量之下，它比白糖的熱量更高（白糖1克有4大卡）！山梨糖醇、麥芽糖醇造成腸胃不適的狀況較為嚴重。

天然的帶有熱量的甜味劑

蜂蜜、椰子糖、棗糖、楓糖漿、龍舌蘭糖漿（agave syrup）、糖蜜（Molasses）。

有些低糖產品會使用這些糖類，宣稱因為這些糖含有營養，而且比較不會使血糖升高。事實上，這些糖裡雖然含有營養成分，但是比例非常低，你要吃好幾升才會補到營養，而且升血糖指數還是頗高的！例如：蜂蜜GI＝50，椰糖35、楓糖漿54、砂糖63……以上的糖類糖尿病患者不建議使用。如果你沒有糖尿病，只是想健康一點，當然可以使用。

購買管道：

在iHerb搜尋：「Wholesome Sweeteners, Inc.,Organic Coconut Palm Sugar（有機椰糖）」、「Now Foods, Real Food, Organic Maple Syrup, Grade A, Dark Color（有機楓糖漿）」。

● **雪蓮果糖漿（Yacon Syrup）**

這是由叫做Yacon的植物的根所提煉，多半來自秘魯，質地如同糖蜜，它的GI＝1，幾乎不會讓血糖升高。它特殊的質地可以改善無糖的烘焙品中其他甜味劑無法達到的效果，但是因為一大匙含有20大卡的熱量，而且35%是果糖，對於減重不利。

人工甜味劑

人工甜味劑由實驗室人工合成，有阿斯巴甜、Sucralose (Splenda)、Saccharin……二○一七年的研究指出，這些人工甜味劑對減重沒有幫助，反而增重。Splenda仍帶有熱量且通常會添加麥芽糊精maltodextrin或dextrose，而且會抑制鋅和碘的吸收，這兩個礦物質對於甲狀腺功能是非常重要的，這些人工合成的甜味劑對人體長遠的影響我們還不知道，所以這些人工甜味劑都不建議使用。

低醣生酮烘焙常見問題

Sophie經常收到網友來信詢問關於低醣生酮烘焙的問題，根據網友的提問整理如下：

Q：無去皮杏仁粉和去皮杏仁粉可以互換使用嗎？

看情況，取決於你的烘焙成品要呈現怎樣的口感。

無去皮杏仁粉可以使用在不需要細緻口感的烘焙中，比如說，脆塔皮、起司蛋糕的餅乾底、口感較粗獷的馬芬、偽全麥麵包、當作裹炸雞的麵包粉。因為它的顆粒比較大，黏合材料的能力較差，膨脹度也差了一點，成品會比較易碎、扎實。所以像是蛋糕這種需要蓬鬆、柔軟的口感，就不適合用無去皮的杏仁粉來製作。至於餅乾的話，一般來說都是用去皮杏仁粉，如果你不介意有帶顆粒感的餅乾，可以將1/3至1/2的去皮杏仁粉換成無去皮，不建議將所有材料都換成無去皮的，不然成品很可能會出油。

Q：我很怕杏仁粉的味道，可以不要使用嗎？

低醣烘焙所使用的杏仁粉，是美國的甜杏仁磨成粉，與台灣沖泡杏仁茶的杏仁粉是完全不同的東西，美國的甜杏仁沒有特殊的香味。

Q：杏仁粉和椰子粉可以互換使用嗎？

杏仁粉和椰子粉無法1:1等量替換。因為椰子粉非常吸水的特性，食譜的乾濕比例需要依據其特性「量身定做」，同時椰子粉需要比較多幫助結合的材料，像是蛋、黃原膠等。基本上，杏仁粉和椰子粉是兩個完全不同的食譜，同時因為其兩者口感上的差異，不見得每個食譜換材料之後還能維持同樣口感，有些食譜在不影響口感的情況下，會註明可以替換的食材重量。如果你想自己實驗，我會建議使用1/2杏仁粉重量的椰子粉，然後可

能要多加1～2顆蛋，多加一點泡打粉，視情況多加一些液體材料。如果想要提高成功率，並有最佳口感，請不要自行替換材料！

Q：可以在烘焙行買椰子絲或椰子屑，回家自己磨成粉嗎？

不行，雖然兩者都是椰子的產物，但其製作過程不同，以烘焙的角度，兩者是完全不同的東西，不能互相取代。

Q：為什麼要用代糖？它們不都是人工的嗎？

食譜中所使用的代糖（赤藻醣醇、羅漢果糖、甜菊糖）都是天然的，雖然糖醇聽起來很「化學」，但它是天然的喔！詳情請參考〈認識低醣生酮中的代糖〉這一章。

Q：不想要使用代糖，有其他東西代替嗎？

如果只是想要吃得健康一點，不需計算碳水，或控制血糖，可以用椰糖取代代糖。

Q：我只有甜菊糖液／粉，要用多少份量代替赤藻醣醇？

甜菊糖液／粉的甜度非常高，通常只需要數滴便可達到味覺喜歡的甜度，但如此一來，如果用甜菊糖液／粉代替赤藻醣醇，成品的體積會大大減少（試想，數滴甜菊糖液＝1杯赤藻醣醇的甜度），而且，每個牌子的甜菊糖的甜度都不同，我也無法回答你正確的份量。反之，如果沒有甜菊糖液，可以用赤藻醣醇代替嗎？本書為了簡化食譜，通常一個食譜只用一種代糖，但是有些食譜會同時使用赤藻醣醇和甜菊糖液，這是因為如果使用太多赤藻醣醇時，會嚐到其涼涼的味道，因此部分甜度用甜菊糖來補足，使口感達到最好的平衡。

Q：不想用泡打粉，可以省略嗎？

泡打粉其功用在於膨脹、給予成品輕柔鬆軟的口感，有讀者問，「為什麼

不用酵母？不用蛋白霜打發來膨脹？」這是因為，一、酵母必須要在有糖的環境中才會產生二氧化碳幫助膨脹，低醣烘焙都是無糖的，酵母無法使用糖醇，因此，就算加了酵母也沒有用。二、低醣烘焙食材如：杏仁粉、椰子粉等等，其密度都比麵粉重得多，單單用蛋白霜或是全蛋打發，是沒辦法有足夠力量撐起重量的，因此，如果想要有鬆軟的口感，食譜中的泡打粉皆不能省略。

Q：亞麻籽油冒煙點低，不能高溫烹調，食譜中使用亞麻籽粉，在烤箱烘烤，這樣不會變質嗎？

請放心，亞麻籽油和亞麻籽粉是不同的，亞麻籽油不可高溫烘烤，但是亞麻籽粉在高溫中是穩定的。

Q：亞麻籽粉有分金黃色和褐色的，要買哪一種？

請購買金黃色的，褐色的亞麻籽粉口感粗燥、吸水性不佳。

Q：我買的亞麻籽粉已經是粉狀的了，為什麼食譜還要再磨細一點？

將亞麻籽粉再磨細一點可以減少黏滑感，如果嫌麻煩也可以省略，稍微影響口感但不影響成功率。可以用咖啡磨豆機來磨，或使用強力果汁機。請注意，機器一定要乾燥，而且不要長時間不停地打，會摩擦生熱而出油結塊。

Q：為什麼我用洋車前子粉做出來的成品是灰紫色的？

某些品牌的洋車前子粉做出來的成品會變色，視覺上不是那麼好看，但不影響功能。如果介意的話，可以使用Now Foods的洋車前子全穀（Whole Psyllium Husk）自己回家用咖啡磨豆機或是強力果汁機打成粉，Now Foods也有賣已經磨好的洋車前子穀粉，根據我在網路上爬了上百篇Amazon的評論，95%的人說它不會變色，但也有少數人說它還是會變色。唯一可以確定的是，自己買Now Foods的洋車前子穀回來打成粉是

不會變色的。

Q：沒有洋車前子粉，可以用其他東西代替嗎？

因為洋車前子特殊的性質（請參考〈認識低醣烘焙中的食材〉這一章），食譜中的洋車前子不可由其他食材代替。

Q：沒有書中的食材，可以用其他東西代替嗎？

如之前所說，本書材料已經盡量簡化了，你只需要杏仁粉、椰子粉、亞麻籽粉、奇亞籽、洋車前子粉，這五樣材料就囊括全部的食譜，其他如奶油乳酪等，都可以在各大烘焙行買到，所以可以把材料買齊再做嗎？Please～

Q：書中的材料要在哪裡才能買到？

低醣烘焙在台灣仍屬新風潮，雖然有越來越多烘焙行引進低醣烘焙粉，但是零零星星，可能要跑許多家才能買齊，原產地也未知，因此建議在iHerb購買最方便。iHerb貨物齊全，品質控管嚴格，有中文介面，價格合理，滿美金六十元就可以免運，三至七天就寄達台灣，非常方便。詳情請閱讀〈iHerb購買流程教學〉一章。（免運優惠為二〇一九年五月撰寫此書時的資訊，未來是否會有更動則未知）

Q：對於書中的食譜有疑問怎麼辦？

歡迎至臉書群組Sophie's Keto Choice低碳生酮食譜討論區發問，我會親自回答你的問題。

iHerb購物流程教學

想嘗試低醣生酮烘焙，最麻煩的地方應該就是買材料了吧？Sophie建議在iHerb購買，它的貨物齊全，品質有保證，而且不用出門就可以一次把東西全買齊囉！不熟悉網購的讀者別擔心，依照下面的購物流程教學示範，讓你第一次就上手！

首先，連上iHerb官網：https://tw.iherb.com

iHerb會依照IP登入所在地自動轉換到該地所使用的語言、貨幣，如果沒有自動轉換的話，請在左上角選擇。

點擊之後，便會出現以下畫面，可以選擇所在國家、語言、貨幣，點擊「保存使用偏好」，這樣下次登入就不用再選擇了。

iHerb 創建帳戶

接下來，開啟一個新帳戶，鼠標移到右上角的「登入」後，就會出現選單，點擊「建立一個新帳戶」。

點擊「創建帳戶」，或是使用右欄的「使用社交媒體帳戶同步登錄」。

接下來只要填寫資料就可以了！因為iHerb有忠誠獎勵和積分信用制度，每次購買都可以累計，或是將產品推薦給親朋好友，朋友可以拿到5%不等的優惠，同時自己也可以拿到5%的積分信用，這些積分可以折抵下一次的購物，可說是互惠雙贏喔！讀者5%折扣優惠請輸入：「AEM7007」。

iHerb 下單流程

接下來的下單流程也很簡單，在首頁搜尋欄位打上你想要搜尋的物品， 點擊加入購物車後，再點擊右上角的購物車圖案，就會進入結帳頁面。

結帳頁面顯示總金額，以及貨運選擇，目前有：順豐、DHL Express、黑貓宅急便，在右欄顯示每種貨運不同的到貨日期，目前順豐貨運只要購滿$60美金就免運，根據網友的經驗，順豐寄貨還滿快的，有時候三天就到達台灣！是不是很方便呢？

接下來只要上傳身分證就可以了，如果當下沒時間，在完成訂單後，iHerb會寄email通知你完成手續。通常只有在第一次購買的時候需要上傳。

點擊「前往結帳」，就會來到填寫地址的畫面。

中文轉成英文地址，請至中華郵政全球資訊網查詢。

＊郵政編碼=郵遞區號

iHerb 付款方式：

可接受的付款方式有Paypal、信用卡，只要依照欄位指示填寫即可。

在iHerb購買時應注意事項：

- 請不要購買全穀種子類或其他違禁品。
- 台灣的關稅政策為超過台幣2000的進口商品會進行課稅，或是半年購買超過六次，第七件開始會被課稅。請注意，台幣2000為還未扣除回饋金的金額。
- 如果對產品的質量不滿意，在選購日期的九十天內退還，會獲得100%退款保證。
- 對於商品有任何問題，都可以用email或線上溝通聯繫客服。

烘焙器具介紹

　　本書考量到許多剛接觸生酮烘焙的人，都是烘焙新手，因此使用的器具也盡量簡化，並且可以在多個食譜中重複使用。

烤箱

家庭使用的烤箱一般30L就足夠，本書的食譜都是使用上下火同一溫度的烤箱。

烘焙紙

有防沾功能，也比較容易清潔。

8吋不沾正方型烤盤

尺寸為長8吋×寬8吋×高2吋，使用於雞肉派、三色莓果戳洞蛋糕。

食物電子秤

精確秤重材料是烘焙的基本，使用前須歸零，選擇正確的測量單位，並且放在平穩的檯面。

烤盤

尺寸為長18吋×寬13吋×高1吋。請選擇材質較厚的，太薄的烤盤會使溫度不均，容易烤出底部外圍焦黑的餅乾。

烘焙刷

分為矽膠刷與天然材質的毛刷兩種，可用來塗抹蛋液於派皮上。毛刷可以沾取較多液體，且可以較輕柔、準確地塗抹，矽膠刷則清洗較容易。

烤箱溫度計

即使烤箱上已經有溫度顯示,烤箱溫度計可以測量烤箱內部真正的溫度,如此才能知道烤箱是否有溫差,溫度偏低或偏高?以及在開關烤箱門的時候會不會因為烤箱的保密性不佳,使得溫度瞬間降低,造成成品烘烤時間需延長。
一個烤箱溫度計可以幫助你摸清你家烤箱的脾氣,使烘焙之路更加順遂。

量杯

分為固體量杯和液體量杯兩種。
1杯:240ml　　1/2杯:120ml
1/4杯:60ml

＊請不要用固體量杯測量液體,反之亦然。
＊測量液體時,請將量杯放在桌面,蹲下去使
　眼睛與水面平行來看刻度,不要站著看,也
　不要拿在手上看。

量匙

1大匙:15ml
1茶匙:5ml
1/2茶匙:2.5ml
1/4茶匙:1.25ml

手動打蛋器

將少量食材攪拌均勻時使用。

手持電動打蛋器

比手動打蛋器省時省力,通常分為5段轉速,可以用來打發蛋白、奶油等。

矽膠刮刀

用來刮下攪拌盆邊緣的材料,請選擇軟硬適中的材質,建議準備兩支會較方便。

擀麵棍

用來擀平麵糰或派皮用,可以用乾淨的玻璃啤酒瓶代替。

攪拌盆

請選擇盆大且深的,在攪拌時食材才不會噴到旁邊,盆底為圓弧狀,也不會死角打不到。在許多料理節目中,都是使用玻璃的,那是為了給觀眾看到材料,但其實使用不鏽鋼的,不管打發蛋白、奶油都比較快,至少需要兩個攪拌盆。

網架

用來冷卻已經烘烤完成的食材,將食材墊高,下方可以通風,才不會累積水氣,使成品潮濕而影響口感。

篩網

使用於過篩粉類、蛋奶液等液狀或糊狀材料,建議購買8吋,不鏽鋼製的篩網。

不沾磅蛋糕模

尺寸為長19.5cm x 寬5cm x 高5cm。酒漬果乾義大利脆餅會使用到,適合烘烤磅蛋糕。

馬芬模與紙模

本書使用的馬芬模為標準尺寸，一盤馬芬模為十二個，每個尺寸為長2.75吋×寬2.13吋×高1.38吋。 使用紙模脫模容易，清潔也方便。

9吋不沾活底塔模

鋸齒狀的邊緣使烘焙成品更加美觀可口，適合製作各種甜塔或鹹派，購買時請選擇鋸齒輪廓較明顯的，烘烤出來的成品比較漂亮，推薦「Wilton Perfect Results 9吋塔模」。

6吋活底蛋糕模

圓形蛋糕模的底部可以活動，適合用於製作乳酪蛋糕、戚風蛋糕等，脫模時由下往上推動底部，每個尺寸為直徑6吋x 高3吋。

＊本書因考量許多執行生酮飲食的人都是一個人，因此使用較小的蛋糕模，如欲做8吋，只要將所有材料乘以 1.8 即可。

強力果汁機

可以用來將亞麻籽粉磨細，或將液體材料打碎。

食物處理機

與果汁機不同的是，果汁機需要有液體才能攪打，食物處理機則可以在沒有液體的情況下將食物打碎，兩者有不同的功能。

小熊軟糖矽膠模（非必要）

小熊軟糖製作過程極容易，成品又很討喜，如果沒有模具，也可以使用任何容器代替。

＊購買管道：Amazon搜尋「Newest Generation - 3 Pack Silicone Gummy Bear Molds 53 Cavities」。

如何提高烘焙成功率？

不知道你有沒有這樣的經驗？在翻閱食譜時，看到精美的照片，那爆漿的抹茶熔岩蛋糕像是招魂一般對著你招手，此時你口水直流、興奮不已，捲起袖子立刻就來攪一鍋麵糊，結果做到一半的時候，發現，噢～糟了！沒有某樣材料！或是，鍋子上的蛋黃糊要一邊煮一邊加其他材料進去，但是材料還沒秤！轉頭秤完材料，蛋黃糊已經變成蛋花！

嘿，我不是在說你，我是在說我自己啦！ 是的，這樣經驗也曾發生在我身上，Sophie在廚房打滾多年，且讓我厚臉皮地跟你分享我多年征戰（踩雷）的心得，遵守以下幾點，絕對可以幫助你提高烘焙成功率！

1. 把食譜從頭到尾看完，並且在心中跑一遍流程

烘焙就像是做實驗，在動手之前，請仔細閱讀材料、做法、Tasty Tips，並在心中跑一遍流程，開始做的時候才不會手忙腳亂。請不要因為趕時間，一邊做一邊看食譜，有些製作過程必須要保持麵糊的溫度，沒有辦法讓你慢慢一邊讀食譜一邊做，

如：半熟乳酪蛋糕。一邊看食譜一邊做也很容易讀漏或看錯，比如說，烤盤轉向180度，看成烤溫轉成180度，完全是天差地別。

2. 仔細閱讀食譜，包含標點符號

　　把食譜從頭到尾看完還不夠！請仔細地閱讀！是低速攪拌，還是高速？是打發至硬挺，還是打發至軟尖角垂下？是300克沸水，還是300克水煮沸？多花兩分鐘，省去你等等兩小時的懊悔。

3. 精準秤重材料

　　以前我住在波士頓的時候，有位朋友某天邀請我到她家做蛋糕，我欣然前往，結果到了她家，發現她怎麼做蛋糕的呢？沒有電子秤，連量杯量匙也沒有，她怎麼秤麵粉的？她把一包麵粉拿起來，大概從中間捏下去，說：「那食譜要250克麵粉，這包麵粉是500克，所以這樣差不多吧？」我聽了差點昏倒，哪有人這樣做蛋糕的？這位朋友是個極端的例子，相信很少人是這樣的。

　　烘焙是科學，與料理不同，精準地秤重材料是烘焙的基本。有些人問，食譜中為什麼不使用量匙或量杯？因為每個人每次的手勁不同，可能今天盛多了一點或少了一點，如果想要你做出來的成品的品質是穩定的，請投資一個電子秤。在使用電子秤時記得要歸零，選擇正確的測量單位，並放在平穩的檯面。

4. 把所有的材料都備齊，準備動作都做完再開始

　　看看食譜，奶油是不是要先在室溫退冰軟化？模具是不是要先鋪好烘焙紙？把所有的準備動作都做完、把所有材料都秤重、分類，將等會一起投放的材料放在一區，如：乾料在一區、濕料在一區。看似浪費時間的舉動，這樣做的話，一旦開始操作，一切一目了然，動作更迅速有效率。

5. 請不要自行更換材料

如果想要有最高成功率、最好的口感，請依照食譜的材料，不要自行替換，食譜中若有替代材料，會在材料旁邊標明＊，在Tasty Tips中註明可替代的材料與份量。書中的食譜都是經過多次測試，請相信食譜。如果不得已一定要更換材料，不妨先到「Sophie's Keto Choice低碳生酮食譜討論區」臉書群組發問，看看是否有人有更換材料成功的經驗。

6. 請不要用清冰箱的心態來做烘焙

我知道，不想浪費那僅剩50克的奶油乳酪，不妨把它一起加進蛋糕裡，這種事我也做過，誰知道就是因為多了那50克的奶油乳酪，使得成品過濕，難吃死了！結果不僅浪費50克的奶油乳酪，連帶其他食材也一起進垃圾桶，這就跟為了湊滿千元送五十元禮券，結果買了一件永遠不會穿的褲子是一樣的道理。

7. 舌頭是你最好的工具

我接到的問題第一名，就是「如果把甜菊糖換成赤藻醣醇的話，要改成多少？」這類問題，這個問題真的很難回答。第一：每家廠牌的代糖甜度不一，我真的無法給你正確的答案；第二：甜味的接受度是很主觀的，有些人嗜甜，有些人不是；第三，執行生酮飲食一段時間之後，舌頭對於甜味的敏感度會逐漸上升，因此，今天你喜歡的甜度，和三個月後喜歡的甜度有可能不同。其實最好的工具就是你的舌頭，不妨一邊做一邊嚐看看，慢慢調整到自己喜歡的甜度，並將其記錄下來。

8. 善用你的感官

前面說，請依照食譜的材料，但是烘烤時間就不同了，每家的烤箱都有自己的脾氣和溫差，雖然食譜上指定的時間還沒到，已經聞到蛋糕香味時，請相

信自己的鼻子，快去查看！或是蛋糕表面已經上色了，請趕快蓋上鋁箔紙。食譜上烘烤的時間都只是參考，建議在食譜所說的烘烤時間的前五到十分鐘就要開始查看，我沒有跟你一起在你家廚房裡，請善用你的感官作有邏輯性的判斷。

9. 根據食譜對麵糊質地的描述做適當的調整

在低醣生酮烘焙知識篇中提到，低醣烘焙粉沒有標準化，是低醣生酮烘焙的挑戰之一，因為每家的材料都有些許差異，請仔細閱讀食譜中描述麵糊應該是怎麼樣的質地，並依據食譜對於麵糊質地的描述觀察並作適當的調整。比如說，食譜上說加1大匙水，攪拌好的麵糊可以流動，結果你做好的麵糰是一整糰不能動的，這時候當然就要多加一點水；相反地，如果食譜說，麵團可以將刮刀插入中間直立不倒，可是你的麵糰看起來水水的，這時候就要多加一點椰子粉來吸水，最終必須以食譜描述的麵糊質地為準。

10. 記錄每次烘焙作的更動及心得

「記錄」永遠比「記憶」更可靠，準備一本烘焙筆記本，將有作更動的地方寫下，並且記錄心得：「下次要多加點糖」、「成品不夠酥脆」等，這些都會幫助你的廚藝更加精進，越做越上手。

參考文獻與註解：

1."The effects of a low-carbohydrate ketogenic diet and a low-fat diet on mood, hunger, and other self-reported symptoms" McClernon FJ,Yancy WS Jr, Eberstein JA, Atkins RC, Westman EC, 2007

2."Very-low-carbohydrate weight-loss diets revisited" Volek JS, Westman EC, 2002

3."Carbohydrate Restriction Alters Lipoprotein Metabolism by Modifying VLDL, LDL, and HDL Subfraction Distribution and Size in Overweight Men" Richard J. Wood, Jeff S. Volek, Yanzhu Liu, Neil S. Shachter, John H. Contois, Maria Luz Fernandez, 2006／"A randomized trial of a low-carbohydrate diet for obesity" Foster GD, Wyatt HR, Hill JO, McGuckin BG, Brill C, Mohammed BS, Szapary PO, Rader DJ, Edman JS, Klein S, 2003

4."Comparison of isocaloric very low carbohydrate/high saturated fat and high carbohydrate/low saturated fat diets on body composition and cardiovascular risk" Noakes M, Foster PR, Keogh JB, James AP, Mamo JC, Clifton PM, 2006

5."The Ketogenic Diet and Cholesterol" Craig Clarke, 2019

6."An Overview of the Ketogenic Diet for Pediatric Epilepsy" Beth A. Zupec - Kania, Emily Spellman, 2008

7.市面上有些低醣烘焙粉是有麩質的，如：Bob's Red Mill低碳烘焙預拌粉、鳥越低醣高纖專用粉，其為廠商調配多種低醣烘焙粉綜合而成，不在本書討論範圍內。

8.本書未接受任何廠商贊助，純為Sophie自己使用後的心得分享。

★ **Part 2** ★

低醣生酮
烘焙廚房

酒漬果乾
義大利脆餅

一盆到底超簡單的點心，帶著淡淡蘭姆酒香的酒漬果乾義大利脆餅，外酥內軟，配一杯黑咖啡剛剛好。

份量　11 片 · 準備時間　10 分鐘 · 烘烤時間　50 分鐘 · 難易度　★☆☆
需要工具 9X5 吋的長條烤模或不沾磅蛋糕模

─ 材料 ─

● **酒漬果乾**

果乾……30克
蘭姆酒……1大匙

● **餅乾體**

融化的無鹽奶油或椰子油……56克
無糖花生醬或杏仁醬……65克
蛋……1顆
香草精……1茶匙
羅漢果糖……40克
杏仁粉……55克
燕麥纖維或等量杏仁粉……10克
無鋁泡打粉……1/2茶匙
鹽……1/4茶匙
榛果……15克

─ 做法 ─

1. 烤箱預熱180℃（350℉）。
2. 將果乾與蘭姆酒放入可以微波的小碗中，微波1分鐘，待涼備用（沒有微波爐的話，請在前一天事先浸泡果乾與蘭姆酒）。

3. 在9×5吋長條烤模底部鋪上烘焙紙，烘焙紙要夠寬，延伸出烤模，以方便餅乾烤好後提取出來。

4. 將無鹽奶油融化，手摸不燙後，依序加入所有材料，最後加入酒漬果乾、榛果，攪拌均勻。

5. 攪拌好的麵糊非常黏稠、不會流動，放在桌上可以維持形狀，不會攤平。

6. 刮刀上噴一點油，麵糊入模，並將頂部整平。

7. 烤10分鐘，將烤模轉向180度，再烤10—17分鐘，直到表面呈金黃色，牙籤插入完全不沾黏為止。

8. 出爐後，將餅乾提出來，放到網架上到完全冷卻，約30分鐘。此時餅乾很脆弱，小心不要碰碎。

9. 烤箱溫度轉成135°C（275°F）。

10. 取一個可以放進烤箱的網架，放在烤盤上。

11. 將餅乾切約1公分的厚片，約11片，將切面平躺在網架上排好，烤15分鐘；接著小心將餅乾翻面，再烤15分鐘後關火，在烤箱內悶到涼。需顧爐，若上色太快的話需蓋鋁箔紙。

Tasty Tips

- 口感外酥內軟，不如市售餅乾脆硬。
- 因為餅乾要烤兩次，第一次烤的時候不要上色過深。
- 如果時間上有限制，第二次烘烤時可以等到隔天。
- 第二次烤的時候務必要等到餅乾完全冷卻之後才能切片，否則會碎掉。
- 用有鋸齒狀的麵包刀會比較好切，不要來回鋸，餅乾會碎掉，建議左手扶著刀子前端，右手握刀柄，直直切下去。
- 果乾、榛果放太多，餅乾也會容易碎。
- 想要做成兩倍份量的話，請用 8×8 吋的正方形烤模。第二次烘烤時，切片後將烤模邊緣已經烤得比較硬的餅乾放在烤盤中央，中間仍較軟的餅乾放在邊緣（烤箱中央溫度最低，邊緣溫度較高），烘烤時間大約增加 10 分鐘，請自行調整。
- 保存方式：放在密封罐裡並盡快食用完畢。

熱量	脂肪	蛋白質	膳食纖維	總碳水化合物	淨碳水化合物
130大卡	11.4克 (78%)	3.2克 (10%)	2.4克	4.2克 (13%)	1.8克

白花椰
早餐餅乾

為什麼叫做早餐餅乾呢？因為這餅乾超健康，拿來當早餐一點也不為過！沒有人會相信主要材料居然是白花椰菜！加上堅果、蔓越莓乾、巧克力豆，滋味豐富，越嚼越香，高纖，超有飽足感！

份量　20 個・準備時間　20 分鐘・烘烤時間　40 分鐘・難易度　★☆☆

材料

白花椰菜……240克，打成粒狀
融化的椰子油*……95克
杏仁粉……100克
椰子粉……1大匙
羅漢果糖……20—30克
鹽……1/4茶匙
無糖椰子屑……40克（可省略）
肉桂粉……1茶匙（可省略）
胡桃……40克，切碎
蔓越莓乾……30克
無糖巧克力豆……20克

做法

1. 烤箱預熱190°C（375°F），烤盤鋪上烘焙紙，白花椰菜洗淨擦乾，以食物處理機或手切成約米粒一半大小。
2. 將所有材料加入盆中攪拌均勻。

3. 用量匙挖取二十份麵糰放在烘焙紙上，以掌心壓平約0.5公分。（餅乾烤好後不會自行攤開）
4. 烤20分鐘，將烤盤轉向180度，再烤20分鐘到表面呈金黃色。
5. 烤好的餅乾邊緣已乾燥但中心還是軟的，讓餅乾留在烤盤裡冷卻約10分鐘，再小心地轉移到烤架上放涼，冷卻後餅乾會漸漸變硬。

Tasty Tips

- 白花椰菜洗淨後要擦乾或是晾乾，盡量不要帶有水分。
- 這款餅乾是外酥內軟，如果想要脆一點，可將餅乾壓薄一點，以 170°C（335°F）烤 20 分鐘，需顧爐。
- 如果餅乾隔天變軟，可以 93°C（200°F）再烘烤 15—20 分鐘，如果餅乾上色過深，請蓋上鋁箔紙。
- 椰子屑會有酥酥的口感，但非必要。
- 蔓越莓乾已經有甜味，可以選擇不加糖或是減糖。
- 椰子油可以換成酥油、融化奶油。

熱量	脂肪	蛋白質	膳食纖維	總碳水化合物	淨碳水化合物
106大卡	9.9克 (79%)	1.8克 (6%)	2.1克	4.2克(15%)	2.1克

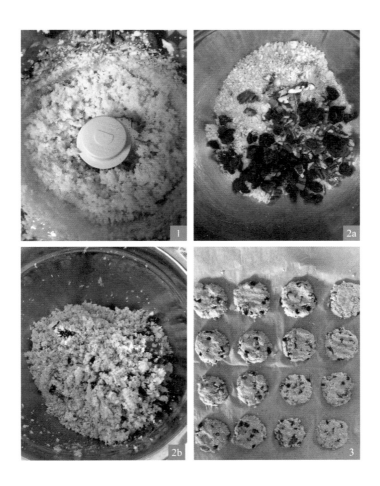

檸檬小西點

小西點又叫做台式馬卡龍，是許多人兒時熟悉的經典味道！將飄散著淡雅清香的檸檬餅乾，抹上厚厚一層檸檬奶油乳酪霜，一口咬下，嗯～比記憶中的還好吃呢！

份量　7 個・準備時間　20 分鐘・烘烤時間　16 分鐘・難易度　★★☆

材料

●檸檬餅乾

杏仁粉……90克
無鋁泡打粉……1/2茶匙
鹽……1/4茶匙
黃原膠*……1/2茶匙
羅漢果糖……40克
檸檬皮……1/2顆
無鹽奶油……56克，室溫軟化
蛋……1顆，室溫（去殼淨重50克）
蛋黃……1顆，室溫
新鮮檸檬汁……1大匙
香草精……1茶匙

●檸檬奶油霜

奶油乳酪……100克，室溫軟化
無鹽奶油……56克，室溫軟化
Swerve Confectioners
或赤藻醣醇粉……30克
新鮮檸檬汁……1茶匙

做法

檸檬小西點：

1.烤箱預熱180°C（350°F）。
2.將杏仁粉、泡打粉、鹽、黃原膠混合備用。

3.將羅漢果糖與檸檬皮屑混合，用手指搓揉以釋放檸檬精油。

4.打發奶油與羅漢果檸檬糖至乳霜狀，約3—5分鐘。

5.加入一顆蛋，攪拌均勻。

6.加入一半的粉類，攪拌均勻。

7.加入蛋黃、檸檬汁、香草精，攪拌均勻。

8.再加入剩下的一半的粉類，攪拌均勻。

9.在烤盤鋪上烘焙紙，噴一點油。

10.取小號（small size）的餅乾挖取器，噴一點油防沾黏，挖一勺麵糊，每個麵糊之間間隔2.5公分，盡量讓每個麵糊同樣大小並且放正，烤好之後才會是同樣大小。不需將餅乾壓平，它在烤的時候自然會攤開，約十五個餅乾。

11.烤8分鐘，烤盤轉向180度，再烤8分鐘。當餅乾邊緣變成金黃色，輕觸餅乾表面都已經乾燥就是大功告成了。

檸檬奶油霜：

將所有材料加入攪拌盆中，用電動攪拌器攪拌至滑順，可冷藏保存一週。

組合：

1.將檸檬奶油霜抹上檸檬餅乾，再蓋上另一個檸檬餅乾即可。

2.立即食用。如果不想馬上吃，請等到食用之前再抹上奶油霜。

Tasty
Tips

- 黃原膠可以省略，但餅乾會比較扁平，沒有裂紋。

- 小號的餅乾挖取器＝ 2 茶匙，也可以將餅乾麵糊裝入擠花袋中擠出適量大小。

熱量	脂肪	蛋白質	膳食纖維	總碳水化合物	淨碳水化合物
265大卡	26克 (87%)	5.3克 (8%)	1.4克	3.6克(5%)	2.2克

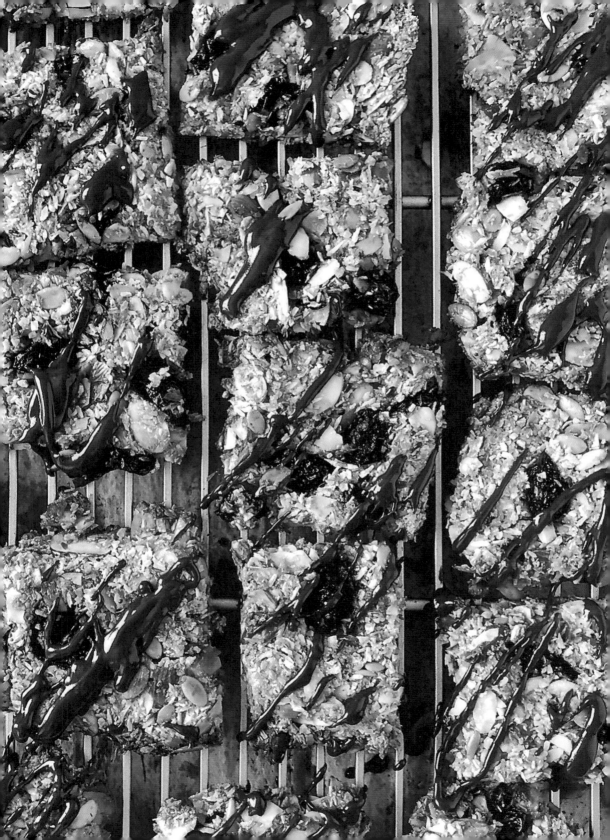

• Dessert •

蛋白質
堅果能量棒

四個步驟就可以輕易做出低碳生酮、無麩質、無糖無油、無蛋的蛋白質堅果能量棒！酥脆堅果、酸甜藍莓，飄著濃濃花生香，最後淋上苦甜巧克力醬，是補充能量的最佳點心！

份量　20 個 · 準備時間　10 分鐘 · 烘烤時間　35 分鐘 · 難易度　★☆☆

材料

● **乾性材料**

杏仁片*……60克
榛果*……60克，切碎
無糖椰子屑或椰子片……90克
黃金亞麻籽粉或杏仁粉……110克
南瓜籽……56克
羅漢果糖……65克
乳清蛋白粉……35克（可省略）
鹽……1/4茶匙

● **濕性材料**

水……100克
無糖無鹽堅果醬*……120克
冷凍或新鮮藍莓……70克（可省略）

● **無糖巧克力淋醬**（可省略）

70%黑巧克力……56克
椰子油……3—4大匙
香草精……1大匙

做法

能量棒：

1.烤箱預熱180°C（350°F）。
2.所有材料放入盆中攪拌均勻。

3. 烤盤鋪上烘焙紙，倒入步驟2，用手或刮刀整形成一個厚度約1.5公分的長方形，壓緊，邊緣用刮刀整平，將藍莓平均分佈。

4. 烤20分鐘，拿出來切成塊，並將每個能量棒稍微分開一點，烤盤轉向180度，再烤15分鐘。期間需觀察是否上色，上色到金黃就可以，之後取出成品至網架放涼。

無糖巧克力淋醬：

將巧克力磚、鮮奶油、香草精以50%的功率微波至融化，每分鐘暫停一次查看並攪拌，趁巧克力還能流動的時候淋在能量棒上。

Tasty Tips

- 乳清蛋白粉可省略，但成品較易碎。
- 可使用自己喜歡的堅果或果乾製作，只要全部重量相等即可。
- 可使用其他低碳水的水果代替藍莓，唯獨不可使用草莓，否則水分太多。加一點酸酸甜甜的水果可以讓口感更加分，請按照食譜份量，水果太多的話會太濕。
- 如果使用的堅果醬已經加鹽，將乾性材料中的鹽省略即可。
- 營養成分不含巧克力淋醬。

熱量	脂肪	蛋白質	膳食纖維	總碳水化合物	淨碳水化合物
160大卡	13克(71%)	6.6克(16%)	3.3克	5.1克(13%)	1.8克

低碳能量棒
（蛋白質堅果能量棒）
製作影片

胡桃巧克力布朗尼餅乾

一款非常非常簡單的餅乾，如果你翻遍整本書但不知如何開始的話，就從這款胡桃巧克力布朗尼餅乾著手吧！它的口感類似布朗尼，只要準備五分鐘，花個十五分鐘就能出爐，隨時享用香噴噴的巧克力餅乾！

份量　13 個 · 準備時間　5 分鐘 · 烘烤時間　13—15 分鐘 · 難易度　★☆☆

材料

胡桃* …… 85克
可可粉……50克（過篩）
羅漢果糖*……40—50克
鹽 ……1/8茶匙
蛋白……60克（約2顆蛋白，請秤重）
油……1大匙（液體油、酥油或融化奶油）
水……1大匙

● 裝飾
　　杏仁或其他堅果（可省略）

做法

1. 如果你的胡桃是未烘烤過的，先以150°C（300°F）烘烤10—15分鐘到飄出香味。
2. 烤箱溫度轉成160°C（325°F）預熱。
3. 將胡桃放入食物處理機中打碎，加入可可粉、羅漢果糖、鹽，攪打均勻。
4. 加入蛋白、油、水，攪打至看不見顆粒的糰狀，中間需停下來將容器邊緣的食材刮下來一起攪打均勻。攪拌好的麵糰是不會流動的，並且可以用手塑形，如果麵糰看起來鬆散易碎，可以多加一點水，一次加1茶匙。

5.將烤盤鋪上烘焙紙，挖取麵糰十二—十三等份，用手搓圓，間隔整齊地放上烤盤。每個餅乾間隔2—3公分，用手掌心壓平，厚約0.5公分，中間用自己喜歡的堅果裝飾（可省略）。

6.烘烤15分鐘，輕觸餅乾邊緣，如果已經乾燥且變硬就是烤好了。此時餅乾中間還是稍軟的，冷卻之後就會慢慢變硬，不要烘烤過度。

7.將餅乾留在烤盤上冷卻10分鐘，再轉移到網架上冷卻。

Tasty Tips

- 如果沒有食物處理機，可以將胡桃改成杏仁粉或榛果粉，便可省去打碎堅果的步驟。
- 烘焙紙不需噴油，否則餅乾可能會攤開變得太扁。
- 餅乾不要烘烤過度，否則會很硬很乾。如果不幸失敗，可以再烤一盤，將兩盤餅乾儲存在同個容器中，乾的餅乾會吸收濕氣，慢慢變軟。
- 若使用 40 克的羅漢果糖，是微苦的滋味；若使用 50 克的羅漢果糖，則類似苦甜巧克力的味道，請自行調整甜度。
- 剩下的蛋黃可以做抹茶冰淇淋（請參考 P.165)。
- 這個餅乾適合現做現吃，放久會軟掉。

熱量	脂肪	蛋白質	膳食纖維	總碳水化合物	淨碳水化合物
70大卡	6.5克(76%)	1.9克(10%)	1.8克	2.8克(15%)	1克

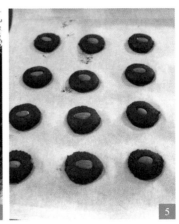

胡桃巧克力布朗尼餅乾
製作影片

81

香草肉桂
早餐麥片

你開始低醣飲食之後就放棄了香香脆脆的麥片了嗎？其實大可不必！低醣版的香草肉桂早餐麥片口感香脆，但淨碳水化合物只有4.3克！搭配南瓜籽、杏仁片、蔓越莓乾或藍莓，和無糖杏仁奶一起享用，就是一道快速又美味的早餐好選擇！

份量　6 份‧準備時間　15 分鐘‧冷藏時間　60 分鐘‧難易度　★☆☆
烘焙時間　25─30 分鐘‧需要工具　擀麵棍

材料

杏仁粉……170克
椰子粉……30克
肉桂粉……2茶匙
無鋁泡打粉……1茶匙
鹽……1/4茶匙
無鹽奶油……85克，室溫軟化
羅漢果糖……70克
蛋……1顆
香草精……1茶匙（可省略）

做法

1. 將杏仁粉、椰子粉、肉桂粉、無鋁泡打粉、鹽混合，備用。
2. 將奶油與羅漢果糖混合，打發至乳霜狀，加入蛋，攪拌均勻。此時蛋會看起來像沒有辦法被奶油完全融合，呈現顆粒狀，是正常的。
3. 分兩次加入乾性材料，攪拌均勻。攪拌好的麵糰用手指戳洞會留下痕跡，將麵糰以保鮮膜包覆，整形成圓餅狀，冷藏1小時。

4.烤箱預熱180°C（350°F）。

5.在烤盤鋪上烘焙紙，取出麵糰，蓋一張保鮮膜，隔著保鮮膜擀成1—2公釐厚。

6.用刀子將麵糰切方格，以叉子在每個方格上戳洞。

7.烘烤25—35分鐘，或至表面呈棕黃色，邊緣先烤好的部分可以切下來放在網架上冷卻。

8.取出成品後在烤盤中冷卻10分鐘，再轉移至網架放涼，沿著方格線將麥片掰成一塊一塊。剛烤好的時候不會很脆，冷卻數小時後會漸漸變脆。

Tasty Tips

● 這個麥片單吃的話口味偏甜喔！因為麥片會跟無糖奶一起食用，所以糖放得比較多，以免搭配之後沒有味道，不嗜甜的人可以斟酌減糖。

● 盡量將餅乾擀薄一點，建議不要超過 2 公釐，不然要烤很久才會脆。

● 將餅乾烤至棕黃色才會脆，如果餅乾冷卻之後發覺不夠脆，可以再烤一次。

● 可以和南瓜籽、杏仁片、無糖果乾等一起搭配食用，就是一頓簡單又營養豐富的早餐。

● 如果有炫風烤箱，可以開炫風，並將溫度降低 10° C（25° F）。

熱量	脂肪	蛋白質	膳食纖維	總碳水化合物	淨碳水化合物
297大卡	27克(78%)	7.9克(10%)	5.1克	9.4克(12%)	4.3克

花生餅乾

天呀！這個花生餅乾真的會讓人一吃就上癮！我敢保證這是你吃過最好吃的低醣餅乾！口感超酥鬆，滿屋都是濃濃的花生香！一鍋到底，喇喇五分鐘就完成！

份量　16個・準備時間　5分鐘・烘焙時間　20—22分鐘・難易度　★☆☆

─── 材料 ───

杏仁粉……170克　　　　　　　　　肉桂粉……2茶匙（可省略）
羅漢果糖……35克　　　　　　　　香草精……1/2茶匙（可省略）
無糖花生醬*……28克　　　　　　　鹽……1/4茶匙
無鋁泡打粉……3/4茶匙　　　　　　融化的椰子油……60克

─── 做法 ───

1.烤箱預熱180°C（350°F），在烤盤鋪上烘焙紙。

2.所有材料攪拌均勻，用叉子插入攪拌好的麵糰中心可以站立。

3.挖取約16個麵糰放置於烤盤上，將餅乾以手掌心壓平。

4.烘烤20—22分鐘，輕觸表面及邊緣都已經乾燥即可。

5.將餅乾留置在烤盤中冷卻10分鐘，再置於網架上放涼，餅乾剛烤好的時候偏
　軟，冷卻之後就會慢慢變硬。

Tasty
Tips

- 食譜中使用的花生醬可以緩慢流動，如果你的花生醬因為放置太久而成塊狀，
  則需要添加椰子油，並將其微波加熱到可以流動的狀態。
- 可以用任何堅果醬取代花生醬。
- 堅果醬在靜置之後會油醬分離是正常的，在挖取前需先將其攪拌均勻，以免
  挖出太多油脂。

熱量	脂肪	蛋白質	膳食纖維	總碳水化合物	淨碳水化合物
104大卡	9.9克(80%)	2.6克(10%)	1.5克	2.9克(10%)	1.4克

櫻桃馬芬

口感激似麵粉所製作的馬芬，趁著剛出爐熱騰騰時咬下去，鬆軟的口感中帶有一點嚼勁，微甜的櫻桃立刻在唇齒間迸出汁來。最特別的是，它沒有使用任何油或是奶製品，當然也是無糖、無麵粉！

份量　6 個・準備時間　10 分鐘・烘烤時間　40 分鐘・難易度　★☆☆
需要工具　馬芬模

──── 材料 ────

●乾性材料

榛果粉或杏仁粉*……85克
杏仁粉……85克
洋車前子粉……28克
羅漢果糖或赤藻醣醇……35克
無鋁泡打粉……1大匙
鹽……1/4茶匙

●濕性材料

蛋……2顆（一顆蛋去殼淨重約50克）
水……75克
檸檬汁……1茶匙
香草精……1又1/2茶匙（可省略）

●內餡

冷凍或新鮮櫻桃，或其他水果……70克

──── 做法 ────

1. 烤箱預熱180°C（350°F），馬芬模鋪上紙模，或直接在馬芬模上噴油。
2. 將所有乾性材料加入盆中，攪拌均勻。

3.加入所有濕性材料，攪拌均勻，攪拌好的麵糰十分黏稠，用叉子插入麵糰中央可以直立不倒。

4.將麵糰平均放進紙模內 。

5.以手沾油，將櫻桃平均塞進麵糰中，將頂部整平。

6.烤18分鐘，烤盤轉向180度，再烤18分鐘。

7.將成品取出在網架上放涼。

Tasty Tips

● 可以用杏仁粉代替榛果粉（去皮或帶皮杏仁粉都可以，杏仁粉使用量為 85 克 +85 克 =170 克）。

● 麵糰要放滿紙模，此馬芬不會膨脹太多。

● 將麵糰頂部整平時，手沾一點油才不會沾黏。

● 水果不要放太多，也不要使用草莓，否則會太濕。

● 使用冷凍水果的話，不需解凍，直接加入麵糰。

● 加入切碎的堅果、無糖巧克力豆、其他種類的水果（藍莓、蔓越莓），在表面點綴杏仁片等，可以增加口味變化。

● 如果不使用水果的話，要多加 10 克水，以免太乾。

熱量	脂肪	蛋白質	膳食纖維	總碳水化合物	淨碳水化合物
205大卡	5.6克(64%)	8.2克(15%)	7.2克	11.5克 (21%)	4.3克

櫻桃馬芬
製作影片

蘋果佛手瓜肉桂馬芬

迎接完美的早晨就從這溫熱的蘋果佛手瓜肉桂馬芬開始吧！清脆的蘋果粒，暖心的肉桂香，暗藏一些佛手瓜在裡面，降低碳水化合物，讓身體更無負擔，而且保證沒人吃得出其中秘密！

份量　8個 · 準備時間　20分鐘 · 烘烤時間　35分鐘 · 難易度　★☆☆

材料

● **乾性材料**

杏仁粉⋯⋯170克
羅漢果糖⋯⋯30克
泡打粉⋯⋯1大匙
肉桂粉⋯⋯1又1/4茶匙
鹽⋯⋯1/4茶匙

● **濕性材料**

蛋⋯⋯2顆（去殼淨重共100克）
酸奶油*⋯⋯120克

香草精⋯⋯1又1/2茶匙（可省略）
檸檬汁⋯⋯1茶匙

● **內餡**

青蘋果⋯⋯50克，切小丁
佛手瓜⋯⋯75克，去皮切小丁

● **裝飾**（可省略）

堅果⋯⋯10克，切碎

做法

1. 烤箱預熱180°C（350°F），馬芬模鋪上紙模，或抹上厚厚一層油。
2. 依序加入所有乾性及濕性材料，攪拌均勻，攪拌好的麵糊可以緩慢流動。
3. 加入蘋果、佛手瓜，混拌均勻。
4. 將麵糊平均分配於8個馬芬模中，撒上切碎的堅果裝飾。
5. 將成品烘烤20分鐘，烤盤轉向180度，再烘烤15分鐘，用牙籤戳入中心不沾黏即可。
6. 在馬芬模中冷卻10分鐘，再轉移到網架上放涼，趁溫熱吃。

Tasty Tips

● 酸奶油可以換成等量希臘優格，或一般無糖優格 110 克。
● 馬芬容易沾黏，若不鋪紙模，抹油時要抹多一點。
● 如果希望碳水化合物更低，可以全部使用佛手瓜，再增加檸檬汁 2 茶匙，並酌量增加羅漢果糖。

熱量	脂肪	蛋白質	膳食纖維	總碳水化合物	淨碳水化合物
162大卡	13.4克(72%)	6克(14%)	2.3克	5.8克(14%)	3.5克

大理石重乳酪蛋糕

濃厚的奶油乳酪加上可可味十足的大理石重乳酪蛋糕，給經典的紐約重乳酪蛋糕來點變化！綿密、厚重的口感，絕對滿足重乳酪控！食譜採用兩段式烤溫法，免除使用水浴法蛋糕可能會浸水的擔憂，一樣簡單又好吃！

份量　6吋（8片）· 準備時間　30分鐘 · 烘烤時間　60—70分鐘 · 難易度　★☆☆
需要工具 6吋活底蛋糕模

── 材料 ──

● **餅乾底**

胡桃……60克
杏仁粉……28克
融化的無鹽奶油……23克
赤藻醣醇……20克

● **乳酪餡**

85%無糖巧克力磚……56克
奶油乳酪……330克，室溫軟化
赤藻醣醇……50克
酸奶油或無糖優格……3大匙
檸檬汁……1茶匙
香草精……1茶匙（可省略）
鹽……1小撮
蛋……3顆，室溫
蛋黃……1顆，室溫

── 做法 ──

餅乾底：

1. 烤箱預熱170°C（325°F），蛋糕模底部鋪上烘焙紙，烤架放在下方數上來第二格。

2. 胡桃放進食物處理機打碎，不要持續一直打，不然會變成胡桃醬，或手切至小碎粒亦可。

3. 所有材料攪拌均勻，倒入模內，隔著保鮮膜用手或湯匙將餅乾壓平壓實。

4. 烘烤15—20分鐘至邊緣開始上色即可，取出置於網架上放涼，不脫模。

乳酪餡：

1. 將烤箱溫度調至260°C（500°F），烤架維持在下方數來第二格。
2. 將巧克力磚切小塊，以50%的功率微波至融化，每1分鐘暫停查看，或以隔水加熱的方式融化，備用。
3. 奶油乳酪用電動攪拌器攪拌至滑順無顆粒，加入赤藻醣醇、酸奶油、檸檬汁、香草精、鹽攪拌均勻。
4. 加入蛋和蛋黃，一次一顆，攪拌至滑順。
5. 取奶油乳酪糊170克，放在另一個攪拌盆中，和融化的巧克力攪拌均勻，成為巧克力奶油糊。
6. 蛋糕模邊緣抹上一點油（材料外），小心不要碰碎餅乾底，倒入原味奶油乳酪糊。
7. 在蛋糕中心再倒入巧克力奶油乳酪糊，用竹籤畫8字型。
8. 輕震幾下蛋糕模，震出氣泡（因不可能將所有氣泡震出，不用浪費太多時間在此步驟）。
9. 烤8分鐘，不要打開烤箱門，溫度調低到93°C（200°F），續烤35—40分鐘，烤好的蛋糕中間應該仍會輕微晃動。
10. 取出放在網架上冷卻10分鐘後，用小刀將蛋糕與蛋糕模分離，不要脫模，繼續放在網架上冷卻約2小時，用保鮮膜包起來，放入冰箱冷卻至少4小時或隔夜。
11. 蛋糕脫模：用吹風機熱風吹一下蛋糕外圍，就可以輕易脫模。在切蛋糕的時候準備一杯熱水，將小刀泡在熱水裡一下，用紙巾擦乾後切。每切一刀就要把刀子擦乾淨、泡熱水、擦乾再切，這樣就可以切得漂亮。

熱量	脂肪	蛋白質	膳食纖維	總碳水化合物	淨碳水化合物
321大卡	29克(82%)	7.8克(10%)	2.1克	6.2克(8%)	4.1克

2a 2b 3a 3b
乳酪餡5 乳酪餡6 乳酪餡7

- 餅乾底可以完全用杏仁粉或是完全用胡桃,以及其他堅果。完全使用堅果的話要打細一點,顆粒太大塊結構會無法鞏固,易碎。

- 蛋、奶油乳酪都要室溫,做出來的蛋糕才會滑順,不會結塊。

- 烤好的起司蛋糕,輕輕搖晃,邊緣已凝固,但中間應該仍會輕微晃動,如果都不會搖晃,代表烤過頭了。

- 烤好的起司蛋糕在冷卻數分鐘後就要用小刀將其與蛋糕模分離。蛋糕在冷卻的過程中會縮小一點而離模,有時候蛋糕與蛋糕模之間黏得太緊,沒辦法離模,蛋糕就會裂開。

- 不建議使用可可粉取代可可磚,味道和顏色都會太淡。

- 若做原味的蛋糕,可以省略可可磚,其他材料不變,省略步驟5,其他一樣。

- 食譜使用兩段式烤溫法,先以高溫使蛋糕膨脹定型,再以低溫烘烤達到乳酪蛋糕綿密細緻的內部。如果烤箱最高溫無法達到260°C(500°F),請設定最高溫,烤的時間不變。

- 8吋蛋糕:全部材料×1.8,烘烤溫度不變,高溫烘烤10分鐘,低溫烘烤時間延長10分鐘,請在食譜指定烘烤完畢時間的前10—15分鐘開始查看。

半熟乳酪蛋糕

從日本風靡到台灣的半熟乳酪蛋糕，現在有生酮版啦！口感綿密細緻，還有濃濃奶香，比輕乳酪更濕潤，但不像重乳酪蛋糕那般厚重，輕輕一抿，入口即化，絕對不輸給「原廠」的蛋糕喲！

份量 6 吋（8 片）·**準備時間** 30 分鐘 ·**烘烤時間** 50—60 分鐘 ·**難易度** ★★☆
需要工具 6 吋活底蛋糕模、電動打蛋器、可以放進烤箱的烤架、烤盤

─────────────── **材料** ───────────────

● A料

蛋黃……4顆
羅漢果糖……30克
玉米粉*……10克（可省略）

● B料

杏仁奶……140克
鮮奶油……75克

● C料

奶油……55克，室溫軟化
奶油乳酪……250克，室溫軟化
香草精……1大匙（可省略）

● 蛋白霜

蛋白……2顆
羅漢果糖……35克
檸檬汁……2茶匙

─────────────── **做法** ───────────────

1. 烤箱預熱190°C（375°F），在活底蛋糕模底部及周圍鋪上烘焙紙。
2. 攪拌C料中的奶油乳酪至滑順，備用。
3. 將A加入攪拌盆，攪拌均勻，備用。
4. 將B在小湯鍋中煮沸至冒大泡泡，以緩慢的流線狀沖入A，同時不停攪拌，攪拌均勻後倒回小湯鍋內，放回瓦斯爐上以中火煮至濃稠，一邊煮一邊不停攪拌，濃稠即可離火，約1分鐘。
5. 趁熱加入C攪拌均勻，均勻即可，不要過度攪拌。

6. 打發蛋白霜：以低速先將蛋白打出啤酒泡沫後，加入一半的羅漢果糖，繼續打至看不到蛋清，再加入剩下一半的羅漢果糖，轉中速打發至濕性發泡，拉起攪拌器有垂下的軟尖角，最後轉低速攪打幾圈，讓蛋白霜更細緻，沒有明顯的大氣泡。

7. 奶油乳酪蛋黃糊分成三次加入蛋白霜裡，以寫英文字母 J 的方式切拌均勻

8. 倒入戚風模，將模具提起，離桌面10公分的地方落下，震出氣泡，以竹籤在乳酪糊裡畫 Z 字形消除氣泡。

9. 烤盤內裝冷水，放上烤架，再放上戚風模，置於烤箱中層，進爐後轉180°C（350°F）烤50—60分鐘，烤好後蛋糕邊緣已凝固，但是中間仍會晃動。

10. 如果烤好後表面還未上色，可以關掉下火，將烤箱轉上火到最高溫（boil high），烤2—3分鐘至表面金黃（要顧爐）。

11. 不脫模，蛋糕置於烤架上冷卻。完全冷卻後，將蛋糕模上方蓋上一張廚房紙巾以免冷卻形成的水滴浸濕蛋糕；紙巾不要碰到蛋糕，再包上保鮮膜，移置冰箱裡冷卻6小時或過夜。

12. 脫模：以扁平小刀分離蛋糕與蛋糕模，再慢慢將蛋糕推出來即可。

Tasty Tips

- 製作此蛋糕要一氣呵成，需保持蛋糕糊在微溫的狀態，請事先將所有材料秤重。

- 步驟 2 的奶油乳酪需事先軟化並且攪拌滑順，這樣進行步驟 5 的時候才不會因奶油乳酪過硬而拚命攪拌，攪拌過度的蛋糕容易裂開。

- 步驟 4 煮蛋黃奶糊的溫度不可太高，容易油水分離。如果分離的話，可使用均質機打至滑順。

- 在步驟 5 中，奶油、奶油乳酪加入蛋黃奶糊時必須要趁熱，並且在加入蛋白霜前保持溫度，也就是動作要快。準備材料時，只需將奶油軟化，不要融化。

- 步驟 9 為隔水加熱法，它與水浴法不同，不需擔心水會浸濕蛋糕，也可以用水浴法。

- 大家看到食材中有玉米粉可能會很疑惑，生酮飲食不是不能吃玉米粉嗎？玉米粉可以省略，不過根據我多次測試食譜的結果，不用玉米粉的蛋糕裂開很嚴重，冷卻後往內凹陷，賣相不是很好，但不影響口感，讀者可以自行決定要不要加玉米粉。不用擔心 10 克的玉米粉會讓你爆碳，10 克的玉米粉就是 10 克的碳水，一個蛋糕通常可以切 8 片，因此每片增加 1.25 克碳水而已（營養成分表包含玉米粉）。

熱量	脂肪	蛋白質	膳食纖維	總碳水化合物	淨碳水化合物
216大卡	19.3克(85%)	4.6克(9%)	0	2.9克(6%)	2.9克

杏仁
巧克力蛋糕

我敢保證這會是你吃過最濕潤鬆軟的生酮巧克力蛋糕！我測試了許多配方才研發出這道無敵好吃、做法又簡單的食譜，帶去公司分享給同事吃，大家都非常驚豔，不敢相信這個杏仁巧克力蛋糕居然是低碳、無糖、無麩質，準備時間只要二十分鐘！

份量　8 片・準備時間　20 分鐘・烘烤時間　40 分鐘・難易度　★☆☆
需要工具 6 吋活底蛋糕模

材料

● **巧克力糊**

　無鹽奶油……84克
　100%無糖可可磚…… 90克
　奶油乳酪……55克

● **乾性材料**

　杏仁粉……100克
　羅漢果糖……40克
　無糖可可粉……1大匙
　無鋁泡打粉……1茶匙
　鹽……1/4茶匙

● **濕性材料**

　蛋……2顆，室溫
　香草精……1/2茶匙

● **裝飾**

　杏仁片……適量
　Swerve Confectioners……適量

做法

1. 烤箱預熱150°C（300°F），6吋活底蛋糕模的底部及四周鋪上烘焙紙。
2. 將裝飾用杏仁片烘烤至金黃，約5分鐘，取出備用。
3. 將烤箱溫度轉至165°C（325°F）。

4. 所有巧克力糊材料加入可微波的攪拌盆中，以50%的功率微波至融化，每1分鐘拿出來攪拌一下，混合均勻。

5. 在另一攪拌盆中加入所有乾性材料，混合均勻。

6. 將一半的乾性材料加入巧克力糊中，攪拌均勻。

7. 加入一顆蛋，攪拌均勻。

8. 加入剩下一半的乾性材料，攪拌均勻。

9. 再加入另一顆蛋、香草精，攪拌均勻即停止，不要過度攪拌。

10. 把蛋糕糊倒入模具，手指沾水，將蛋糕糊表面抹平，撒上杏仁片，輕輕在桌上震出氣泡。

11. 在蛋糕模下方墊一個烤盤或包鋁箔紙，烘烤35—40分鐘，直到牙籤插入蛋糕中心仍有些許濕潤的蛋糕屑（沒有液體）即可。

12. 將蛋糕放在網架上冷卻10分鐘，用手從蛋糕模底部往上推即可將蛋糕脫模，放置網架上，待其完全冷卻後再撒上糖粉裝飾。

Tasty Tips

- 微波巧克力糊的時候要用 50% 的功率，且不可以一次微波時間過長，以免巧克力燒焦。沒有微波爐的話請用隔水加熱的方式，將一個小湯鍋裝約 2—3 公分高的水，當水開始冒小泡泡的時候，將攪拌盆架在湯鍋上，盆底不可碰到水，保持水在冒小泡泡的狀態，溫度不可過高，一邊加熱一邊攪拌到材料都融化即可。

- 加入蛋之後不要過度攪拌，蛋糕容易裂。

- 食譜使用 100% 無糖可可磚，如果使用純度比較低的可可磚，糖分要減少，請自行斟酌。

- 因為在烘烤的時候會有些許奶油溢出，因此建議進行步驟 11 時，在蛋糕模下方墊烤盤或包鋁箔紙，以免弄髒烤箱。

- 剛烤好有一點裂開沒關係，冷卻後蛋糕會回縮一些，就看不到裂痕了。

- 冷藏之後需等回溫之後再食用，不然口感會稍硬，請盡快食用完畢。

- 營養成分不含裝飾。

熱量	脂肪	蛋白質	膳食纖維	總碳水化合物	淨碳水化合物
252大卡	24.4克(80%)	6.4克(9%)	3.1克	7.2克(10%)	4.1克

爆漿抹茶熔岩蛋糕

只要「喇喇」，就能完成這個簡單又好吃的爆漿抹茶熔岩蛋糕，而且準備時間只要五分鐘，隨時都能享用美味的生酮甜點，十分方便！不管是氣炸鍋或小烤箱都適用。

份量　1份‧準備時間　5分鐘‧烘烤時間　10—13分鐘‧需要工具 4oz烤皿*（8.5cmx4cm）
難易度　★☆☆

材料

杏仁粉……1大匙（6.5克）
抹茶粉……2茶匙（2.4克）
羅漢果糖……2茶匙（8.5克）

無鋁泡打粉……1/4茶匙
蛋……1顆（去殼淨重50克）
油……1大匙

做法

1.烤箱預熱180°C（350°F）。
2.在烤皿底部和周圍鋪上烘焙紙（此為防沾黏，若不需要把蛋糕倒出來吃的話，可省略此步驟）。
3.將所有材料攪拌均勻，麵糊墜落可看見清楚的折疊痕跡，如果太水的話可以多加一點杏仁粉。
4.將麵糊倒入烤皿，在桌上敲幾下輕震出氣泡，烤10—13分鐘。烤好時輕晃蛋糕，蛋糕中間仍可以輕微晃動。

Tasty
Tips

● 烤太久就不會有岩漿流出，每台烤箱會有溫差，可能需要多實驗幾次，找到最適合的時間。
● 烤好後需立即食用，否則蛋糕內部熱能會繼續把蛋糕熟化，就沒有岩漿了。
● 可以用可高溫烘烤的馬克杯代替烤皿，但要注意的是，蛋糕越薄，烘烤時間就要縮短。
● 抹茶粉換成等量可可粉，就是巧克力熔岩蛋糕。

熱量	脂肪	蛋白質	膳食纖維	總碳水化合物	淨碳水化合物
243大卡	22克(81%)	8.6克(14%)	1.5克	2.8克(5%)	1.3克

老奶奶
檸檬蛋糕

著名甜點改造成低醣版本，美味不減！細緻濕潤，加上清新的檸檬香氣，交織成酸甜的口感，淋上檸檬糖漿更是畫龍點睛。是一款無論香氣與濕潤度都很完美的蛋糕。

份量　10 片 · 準備時間　20 分鐘 · 烘烤時間　1 小時 30 分鐘 · 難易度　★☆☆
需要工具　不沾磅蛋糕模、攪拌器

───── **材料** ─────

檸檬皮……2—3顆
赤藻醣醇……100克
無鹽奶油……70克，室溫軟化
奶油乳酪……125克，室溫軟化
杏仁粉……180克
椰子粉……30克
無鋁泡打粉……1茶匙
蛋……4顆，室溫
甜菊糖液……15滴
香草精……1茶匙
鹽……1/4茶匙
新鮮檸檬汁……75克
鮮奶油……2 大匙

● 檸檬糖漿

Swerve Confectioners或赤藻醣醇粉……3大匙
檸檬汁……適量

做法

1.烤箱預熱180°C（350°F）。

2.將檸檬皮與赤藻醣醇混合，用手搓揉，讓檸檬精油釋放。

3.打發奶油至乳霜狀，再加入軟化的奶油乳酪，攪打均勻。

4.加入檸檬糖，攪打均勻。

5.將杏仁粉、椰子粉、泡打粉放到大碗中，混合均勻，備用。

6.加入一顆蛋至步驟3，攪打均勻到蛋已經完全融合後，再加入1/4的乾性材料，
　再加入第二顆蛋，如此將所有蛋和粉類材料攪打均勻。

7.加入甜菊糖液、香草精、鹽、檸檬汁、鮮奶油，攪拌均勻。

8.烤1.5小時，用牙籤插入蛋糕中間，沒有麵糊就算大功告成，有一點屑屑是正常
　的，放在網架上放涼約10分鐘即可脫模。

檸檬糖漿：

1.將赤藻醣醇粉放到碗中，再慢慢加入檸檬汁，達到想要的濃稠度。

2.等蛋糕完全冷卻之後再將糖霜淋上去，不然糖霜會融化，馬上就不見了喔！

┌─────┐
│Tasty│　● 蛋糕吃不完的話，放入冰箱保存，食用之前在室溫中退冰 10 分鐘。
│Tips │
└─────┘

熱量	脂肪	蛋白質	膳食纖維	總碳水化合物	淨碳水化合物
246大卡	21.6克(79%)	7.7克(13%)	3克	6.6克(8%)	3.6克

老奶奶檸檬蛋糕
製作影片

藍莓檸檬蛋糕甜甜圈

鬆鬆軟軟的蛋糕甜甜圈是下班後給自己的甜蜜下午茶，輕嚐一口，濕潤且充滿鮮榨的檸檬清香，上頭酸酸甜甜的藍莓奶油乳酪醬，讓風味多一個層次，是我最喜愛的甜點之一！

份量　6 個 · 準備時間　20 分鐘 · 烘烤時間　19 分鐘 · 難易度　★☆☆
需要工具 甜甜圈模或馬芬模

--- 材料 ---

● **甜甜圈**

杏仁粉……135克
無鋁泡打粉……3/4 茶匙
鹽……1/4茶匙
羅漢果糖……50克
檸檬的皮屑……1顆
無鹽奶油……84克，室溫軟化
蛋……1顆，室溫（去殼淨重50克）
蛋黃……2顆，室溫
新鮮檸檬汁……1又1/2大匙
香草精……1又1/2茶匙

● **藍莓奶油乳酪淋醬**

奶油乳酪……50克，室溫軟化
藍莓……20—30克
檸檬汁……2茶匙
Swerve Confectioners
或赤藻醣醇粉…… 2茶匙

--- 做法 ---

1.烤箱預熱180°C（350°F），甜甜圈模噴上油。

2.將杏仁粉、泡打粉、鹽混合備用。

3.將羅漢果糖與檸檬皮屑混合，用手指搓揉以釋放檸檬精油。

4.打發奶油與羅漢果檸檬糖至乳霜狀，約3—5分鐘。

5.加入一顆蛋，攪拌均勻。

6.加入一半的粉類，攪拌均勻。

7.加入蛋黃、檸檬汁、香草精，攪拌均勻。

8.再加入剩下的粉類，攪拌均勻，攪拌好的麵糊質地類似馬鈴薯泥。

9.將麵糊裝入擠花袋中，平均擠入甜甜圈模中，用牙籤在麵糊中畫Z字形並輕輕在桌上震幾下，消除氣泡。

10.手沾一點水，將麵糊表面抹平。

11.烘烤19—20分鐘，烘烤到中途時將烤盤轉向180度使其平均受熱。

12.取出成品置於網架放涼10分鐘之後再脫模。

13.在等待甜甜圈烘烤時，將淋醬所有材料以果汁機打勻，過篩備用。

14.等甜甜圈完全冷卻後，再沾上藍莓奶油乳酪淋醬。

Tasty Tips

- 沒有甜甜圈模也可以用馬芬模，可做 6 個馬芬，烘烤的溫度與時間相同。

- 將擠花袋套入一個有高度的杯子中，將袋緣反折於杯緣，再將麵糊填入，這樣麵糊才不會沾到袋子外面，可以保持擠花袋乾淨。沒有擠花袋的話，也可以用三明治袋。

- 保存方式：未沾淋醬的甜甜圈可冷藏保存 5 天。

- 甜甜圈上可以用堅果、椰子屑等裝飾。

熱量	脂肪	蛋白質	膳食纖維	總碳水化合物	淨碳水化合物
288大卡	27.3克(82%)	7.2克(10%)	2.5克	6.3克(8%)	3.8克

三色莓果戳洞蛋糕

一層鬆軟蛋糕、一層酸甜莓果醬，最後抹上現打鮮奶油。小幫手對這個三色莓果戳洞蛋糕的評語是：好微妙的組合卻又彼此協調，帶出三種不同的口感，彼此不搶戲，非常好吃，令人驚豔！

份量 16 份 · **準備時間** 40 分鐘 · **烘烤時間** 30 分鐘 · **難易度** ★★☆
需要工具 8x8 吋（20x20x5cm）正方形蛋糕模或 9 吋圓模

材料

● **蛋糕體**

杏仁粉⋯⋯227克
無鋁泡打粉⋯⋯1又1/2茶匙
鹽⋯⋯1/4茶匙
無鹽奶油⋯⋯56克，室溫軟化
羅漢果糖⋯⋯70克
奶油乳酪⋯⋯140克，室溫軟化
蛋⋯⋯4顆，室溫
（一顆蛋去殼淨重50克）
甜菊糖液⋯⋯3滴
香草精⋯⋯1茶匙（可省略）

● **三色莓果醬**

奶油乳酪⋯⋯280克，室溫軟化
藍莓、草莓和覆盆子⋯⋯共200克
Swerve Confectioners
或赤藻醣醇粉⋯⋯1—2大匙

● **鮮奶油霜**

鮮奶油⋯⋯120克
Swerve Confectionesr
或赤藻醣醇粉⋯⋯1大匙

● **裝飾**

椰子屑⋯⋯適量
莓果⋯⋯適量

做法

1. 烤箱預熱180°C（350°F），8×8吋正方形烤模底部與四周鋪上烘焙紙，兩側預留一些長度以方便脫模時可以將蛋糕拎出來。
2. 混合杏仁粉、無鋁泡打粉、鹽，備用。

3.打發奶油與羅漢果糖至乳霜狀，約3—5分鐘。

4.加入奶油乳酪，攪拌均勻。

5.加入兩顆蛋，攪拌均勻。

6.加入一半的粉類，攪拌均勻。

7.加入另外兩顆蛋，攪拌均勻。

8.加入剩下的粉類、甜菊糖液、香草精，攪拌均勻。攪拌好的麵糊質地很稠，類似馬鈴薯泥，用叉子插入中心可以直立，挖一球放在桌上時亦可保持形狀不會攤開。

9.將麵糊倒入烤模中以刮刀抹平表面，輕輕在桌面震幾下。

10.烘烤30分鐘，牙籤戳入中心不沾黏即可。

11.在網架上冷卻10分鐘後，將蛋糕拎出來，撕開四周的烘焙紙冷卻。

12.混合所有三色莓果醬的材料，以叉子將水果壓碎，不需要壓得很爛，保持一些果粒。

13.待蛋糕完全冷卻後，提著烘焙紙將蛋糕放回烤模，在蛋糕上戳洞，淋上三色莓果醬，以刮刀抹平表面，包上保鮮膜，冷藏至硬。

14.打發鮮奶油霜至硬挺，先以低速打至起泡，再轉中高速打發至尾端挺立的狀態，將鮮奶油霜倒在蛋糕上，以刮刀抹平表面，小心不要將莓果醬與鮮奶油混合。

15.將椰子屑以平底鍋翻炒至金黃，撒上鮮奶油表面，最後以莓果點綴。

Tasty Tips

● 這個蛋糕不難，只是需要花點時間，建議可以分兩天做，第一天做蛋糕體，第二天做淋醬，再組合起來即可。

● 在蛋糕上戳的洞不能太小，不然莓果醬會無法流下去。用珍珠奶茶的吸管，或類似大小的棒狀物來戳洞最適當。

● 建議恢復室溫之後再吃，因為裡面含有奶油，冷藏之後蛋糕會變硬。

● 若使用 6 吋圓模，請將所有材料除以 2。

熱量	脂肪	蛋白質	膳食纖維	總碳水化合物	淨碳水化合物
250大卡	22.6克(80%)	6.6克(10%)	1.8克	5.8克(9%)	4克

懶人蘋果派

這道甜點的靈感來自於我在美國第一個工作的城市波士頓的地方甜點，特色是將派皮切塊後隨意鋪上，以粗獷凌亂為美。要說生酮不能吃蘋果的人請先等一等，這道甜點的主要材料是佛手瓜喲！食譜只取用少量蘋果，讓佛手瓜吸收香甜蘋果汁，烤得又甜又軟，一點也沒有違和感！吃完微熱的蘋果派，再搭配一球香草優格冰淇淋（請參考P.161），好吃得像是上天堂呢！

份量 6 吋（8 片）· **準備時間** 30 分鐘 · **烘烤時間** 20 分鐘 · **難易度** ★★☆
需要工具 6 吋平底鑄鐵鍋、烘焙刷

材料

●派皮

杏仁粉……20克
椰子粉……20克
鹽……1小撮
冰的無鹽奶油……42克，切小塊
冰水……2大匙

●內餡

無糖蘋果茶包
（或任何水果茶包）……1包
熱水……1/2杯
青蘋果……125克
佛手瓜……275克

羅漢果糖……35克
鹽……1/8茶匙
肉桂粉……1/4茶匙
無鹽奶油……20克
新鮮檸檬汁……2茶匙
黃原膠*……1/8茶匙

●裝飾

全蛋液或牛奶……少許（刷派皮用）
羅漢果糖……1茶匙
肉桂粉……1/4茶匙

做法

派皮：

1. 將杏仁粉、椰子粉、鹽加入食物處理機中，按pulse幾次攪拌均勻。
2. 將奶油切小塊加入，再按pulse幾次，直到變成鬆散的粉粒狀，加入冰水，續打到成為糰狀。麵糰用保鮮膜包起，整成圓餅狀，冷藏至少15分鐘。

內餡：

1. 用1/2杯熱水沖泡蘋果茶包，備用。
2. 將蘋果與佛手瓜削皮去核，蘋果切成1公分的厚片，佛手瓜切成0.3公分薄片。
3. 將佛手瓜放入湯鍋中，加冷水淹沒，以大火煮到佛手瓜變軟，約10分鐘，取出瀝乾。
4. 烤箱預熱200°C（400°F）。
5. 將蘋果、佛手瓜、糖、鹽、肉桂粉一同加入盆中，翻拌均勻。
6. 在鑄鐵鍋內加入無鹽奶油，以中火融化，再加入蘋果與佛手瓜，蓋上蓋子或包錫箔紙，煮到蘋果可以用叉子穿過，但還有一點硬的程度，約2—3分鐘。
7. 加入蘋果茶、檸檬汁，撒上黃原膠，不加蓋，煮到濃稠，約2分鐘，關火備用。
8. 取出派皮麵糰，隔著保鮮膜擀成0.4公分的薄片，用刀子切成方格狀（如果派皮太硬不好擀，在室溫下退冰5分鐘）。
9. 將派皮隨意鋪在內餡上，刷上全蛋液，混合肉桂粉與羅漢果糖，均勻撒在派皮上。
10. 將成品烘烤20—22分鐘至成為金黃色，在網架上冷卻10分鐘，溫熱食用。

Tasty Tips

- 沒有鑄鐵鍋的話，可以先將內餡在瓦斯爐上炒軟之後，再轉移到派盤中，鋪上派皮後進烤箱烘烤。
- 佛手瓜會生出黏液，建議處理時戴手套。
- 內餡炒軟的時間只是參考，可以使用叉子測試。
- 蘋果與佛手瓜的份量可依喜好調整，只要總重量為 400 克即可。蘋果越多自然會越香甜，但碳水化合物也會跟著變高一些，同時也必須稍微減少羅漢果糖的使用量。
- 請選用青蘋果，口感較脆、硬且糖分較低。
- 將派皮擀成薄片，不需在乎形狀。這道甜點以粗獷凌亂為美，重點是動作要快，不要讓奶油融化。
- 生派皮可冷藏保存兩天或冷凍一個月。如果冷凍的話，請在室溫下退冰。
- 黃原膠可以用等量蒟蒻粉或 1 茶匙玉米粉代替。玉米粉必須先跟蘋果茶一起攪拌均勻後再倒入鍋中。

　＊8 吋 = 全部材料 ×1.8。

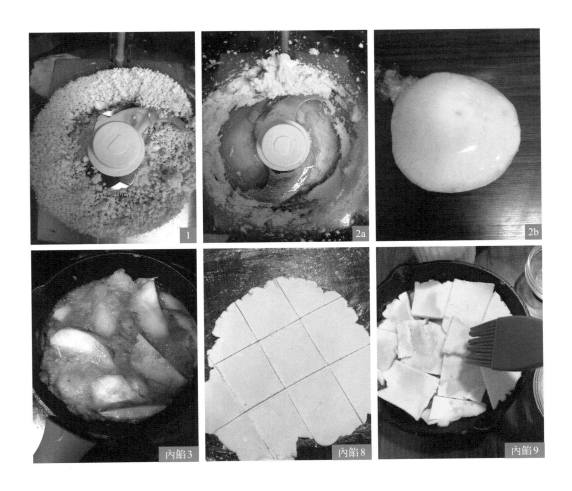

熱量	脂肪	蛋白質	膳食纖維	總碳水化合物	淨碳水化合物
118大卡	10.4克(73%)	1.6克(5%)	3.1克	7.2克(22%)	4.1克

脆皮蛋塔

蛋塔是不管任何年齡層都會喜歡的一道點心，利用杏仁粉製作的脆皮蛋塔，香氣十足又酥脆！包裹綿滑柔細的芙蓉蛋，飄散著淡淡的奶香和天然的香草風味，是永遠吃不膩的美味甜點！

份量　5 個 · 準備時間　30 分鐘 · 烘烤時間 25 分鐘 · 難易度 ★★☆
需要工具　馬芬模

材料

●派皮

杏仁粉……135克
赤藻醣醇……40克
無鹽奶油……56克，融化
鹽……1/4茶匙

●蛋奶液

蛋黃……3顆
杏仁奶或無糖豆漿……90克
動物性鮮奶油……90克
赤藻醣醇……30克
香草精……1/4茶匙

做法

派皮：

1.烤箱預熱 190℃（375℉）。

2.將所有材料加入盆中攪拌均勻，麵糰會是鬆散狀，但可以用手輕易捏成一糰。

3.取麵糰46克,倒入馬芬模,用手將底部與四周推平,再用手往下壓緊,慢慢往四周推開,以手指感覺塔皮厚度是否平均。在塔模的轉角處要特別注意,盡量使厚度為0.5公分,且底部、四周、邊緣的厚度一致。重複此步驟完成五個塔皮。

蛋奶液:
1.打散蛋黃,加入杏仁奶,攪拌均勻,備用。
2.在小湯鍋內加入鮮奶油、赤藻醣醇、香草精,攪拌至糖融化就關火,不要煮到沸騰。
3.將步驟2以緩慢的流線沖入步驟1,同時不停攪拌。
4.將蛋奶液過篩,再平均倒入塔模約九分滿,輕震馬芬模以震出氣泡,再用牙籤將表面氣泡戳破。
5.烤15分鐘,將烤盤轉向180度,蓋上錫箔紙,將烤溫降低至180°C(350°F),再烤5—8分鐘。
6.以牙籤戳入蛋塔,沒有液體流出即出爐。
7.將烤模取出放在網架上待涼,等到蛋塔完全冷卻後再脫模,否則蛋塔易碎。

Tasty Tips

● 塔皮約需 0.5 公分厚,太薄會無法呈現脆度,而且脫模的時候容易裂開。

● 當塔皮周圍開始有點上色之後就要蓋上鋁箔紙,以免塔皮邊緣上色過深。

熱量	脂肪	蛋白質	膳食纖維	總碳水化合物	淨碳水化合物
343大卡	32.8克(83%)	9.6克(9%)	3克	7.4克(8%)	3.6克

派皮2

派皮3

蛋奶液4

蛋奶液5

一口草莓酥

經典生酮酥皮包裹酸酸甜甜的草莓奇亞籽果醬，高纖、超有飽足感！淋上奶油乳酪淋醬，多了一股奶油乳酪特有的新鮮酸香，配上一杯義式濃縮咖啡，就是一道撫慰心靈的下午茶點心！

份量 8 個 ·**準備時間** 1 小時 45 分鐘 ·**烘烤時間** 22 分鐘 ·**難易度** ★★★
需要工具 擀麵棍、烘焙刷

材料

● **內餡**

草莓……65克
覆盆子……65克
羅漢果糖……20克
檸檬汁……2茶匙
奇亞籽……20克

● **酥皮**

杏仁粉……77克
椰子粉……77克
黃原膠……1/2茶匙（可省略）
無鋁泡打粉……1/2茶匙
鹽……1/4茶匙
羅漢果糖……30克
冰的無鹽奶油……140克
蛋……1顆（去殼淨重50克）

● **刷酥皮用**

蛋……1顆，打散備用

● **淋醬**

奶油乳酪……30克
椰子油……14克
Swerve Confectioners
或赤藻醣醇粉……1—2茶匙
鹽……1小撮
水……適量

做法
---

1. 所有內餡材料用果汁機打勻，冷藏1個小時凝結，備用。
2. 烤箱預熱200℃（400°F），在烤盤鋪上烘焙紙。
3. 將杏仁粉、椰子粉、黃原膠、泡打粉、鹽、羅漢果糖加入食物處理機中，按pulse幾次攪拌均勻。
4. 奶油切小塊加入，再按pulse幾次直到變成鬆散的粉粒狀。
5. 加入蛋，攪打到成糰，用保鮮膜包好放冰箱冷藏15分鐘。

6. 在桌上鋪烘焙紙，噴一點油，麵糰取出，上面蓋一張保鮮膜，隔著保鮮膜用擀麵棍擀成0.3公分厚的長方形。

7. 用刀子切割成十六等份。

8. 將適量的內餡材料放在酥皮上，取另一片酥皮覆蓋並將邊緣捏緊。因為酥皮沒有筋性，會裂開是正常的，用叉子將邊緣壓緊，盡量動作快，不要讓麵糰內的奶油融化，如果覺得麵糰太軟，放回冰箱冷藏10分鐘再繼續進行。

9. 將草莓酥放到烤盤上，上面切幾個開口，因為在烘烤時內餡會膨脹，請刷上全蛋液。

10. 烤22—25分鐘至表面金黃。

淋醬：

1. 奶油乳酪與椰子油以40%的功率微波軟化，約20—30秒（沒有微波爐的話，請提前拿出來在室溫中軟化）。

2. 所有材料混合均勻，加適量的水到想要的稠度，食用之前再淋醬。

Tasty Tips

● 黃原膠可以增加麵皮延展性，沒有的話可以省略，但整形會較困難。

● 奶油一定要用冰的，不可融化或放置室溫之下。如果在夏天製作，可以把所有粉類和攪拌盆都先拿去冰。

● 沒有食物處理機也可以用手摩擦將奶油與粉類搓成鬆散的粒狀，或用刮板輔助切拌，動作要快，避免奶油融化。

● 如果加入蛋之後，麵糰鬆散無法成糰，可以加冰水，每次1大匙。

● 攪拌好的麵糰不會黏手，如果還有奶油粒的話沒關係。

● 因為麵糰沒有筋性，擀開酥皮時邊緣一定會裂開，把不規則的邊緣切下來再補到該補的地方，使它成為0.3公分厚的長方形。

● 整形需花較多時間，建議夏天製作時開冷氣，以免麵糰軟化難以操作。

● 內餡和酥皮可以前一天先做好，第二天再組合。若酥皮冰太久太硬的話，在室溫下退冰10分鐘。

● 在室溫下保存兩—三天，冷藏七天，冷凍一個月。

● 營養成分不包含淋醬。

熱量	脂肪	蛋白質	膳食纖維	總碳水化合物	淨碳水化合物
248大卡	21.7克(76%)	4.9克(8%)	5.8克	10.3克(16%)	4.5克

胡桃藍莓司康

外皮金黃香酥,內裡柔軟濕潤,準備時間十分鐘即大功告成!可提前烤好放入冰箱冷凍,讓家裡隨時都有待客點心,亦可解饞!

份量　8 個 ・ 準備時間　10分鐘 ・ 烘焙時間　30分鐘 ・ 難易度　★☆☆

──────── 材料 ────────

● **乾性材料**

　杏仁粉……113克

　黃金亞麻籽粉

　……56克

　無糖椰子絲……14克

　赤藻醣醇……25克

　泡打粉……1又1/2茶匙

　鹽……1/8茶匙

● **濕性材料**

　蛋……1顆

　液態油或奶油

　……35克，融化

　水……25克

　香草精

　……1/4茶匙（可省略）

● **內餡**

　藍莓 ……40克

　胡桃……20克，切碎

● **淋醬**

　香草精 ……1茶匙

　Swerve Confectioners

　或赤藻醣醇粉……1大匙

──────── 做法 ────────

1. 烤箱預熱165℃（325°F）。

2. 加入所有乾性材料，攪拌均勻，再加入所有濕性材料、內餡，攪拌均勻。攪拌好的
　麵糰可以輕易用手捏成糰，質地類似紙黏土，用叉子插入麵糰中央可以直立不倒。

3. 在烤盤鋪上烘焙紙，將麵糰倒上去，蓋上保鮮膜，隔著保鮮膜整形成厚度約1公
　分的圓餅，以刀子切成八等份，將每個麵糰分開一些。

4. 烤30分鐘，表面稍微上色就可以出爐，不要烘烤過度。

5. 食用前將淋醬材料混合均勻，淋在司康上即可。

Tasty Tips

● 麵糰不要烘烤過度，表面稍微上色就可以出爐，烘烤太久的話，就沒有鬆軟的
　口感。

● 烘烤時間會因為司康的厚度而不同。

● 無糖椰子絲在烤過之後有酥酥的口感，不建議省略或用其他材料替換。

   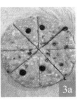 
2a　2b　2c　3a　3b

熱量	脂肪	蛋白質	膳食纖維	總碳水化合物	淨碳水化合物
194大卡	17.2克(75%)	5.8克(11%)	3.7克	6.8克(13%)	3.1克

花生
巧克力杯

只要四種材料，就能輕鬆享有香滑可口的花生巧克力杯！只要掌握巧克力和花
生醬的黃金比例，就可以有無窮無盡的變化，改成杏仁醬也沒問題！加一點奇
亞籽覆盆莓果醬，做成雙層夾心更讚！一顆脂肪含量高，當作脂肪炸彈，快速
補油剛剛好！

份量 12 個 · 準備時間 10 分鐘 · 冷卻時間 30 分鐘 · 難易度 ★☆☆
需要工具 馬芬模、紙模

--------- 材料 ---------

●巧克力糊

100%無糖巧克力磚*……200克
Swerve Confectioners 或赤藻醣醇粉……3大匙
椰子油……50克

●花生夾心

無糖花生醬……50克
椰子油……10克
Swerve Confectioners 或赤藻醣醇粉……1大匙

--------- 做法 ---------

1. 在馬芬模鋪上紙模。
2. 巧克力糊所有材料以50%的功率微波至融化，約3—4分鐘，每一分鐘暫停，拿
   出來攪拌。

3.每一個紙模中倒入2茶匙的巧克力糊，冷藏10分鐘至硬化。

4.同時製作花生夾心：所有材料攪拌均勻，如果覺得太硬不好攪拌，可以微波融化。

5.取1茶匙的花生夾心倒在已硬化的巧克力上，花生夾心盡量保持在中心處，冷藏10分鐘至硬化。

6.重複步驟3，將剩下所有巧克力糊分裝完畢，冷藏10分鐘至硬化。

Tasty Tips

- 可用杯子或其他容器代替馬芬模。
- 巧克力糊不可一次微波時間過長，以免燒焦。沒有微波爐的話請用隔水加熱的方式：將一個小湯鍋裝約 2—3 公分高的水，水開始冒小泡泡的時候，將攪拌盆架在湯鍋上，盆底不可碰到水，保持水在冒小泡泡的狀態，溫度不可過高，一邊加熱一邊攪拌到材料都融化即可。
- 如使用趴數較低的巧克力磚，糖的份量需減少，請自行斟酌。
- 如果使用無鹽花生醬，花生夾心需添加 1/8 茶匙的鹽。
- 無堅果可能：可用奇亞籽莓果醬當作夾心。
- 冷藏保存。

熱量	脂肪	蛋白質	膳食纖維	總碳水化合物	淨碳水化合物
156大卡	15.6克(79%)	3.1克(7%)	2.5克	6.1克(14%)	3.6克

小熊軟糖

可愛又色彩繽紛的小熊軟糖是孩子們的最愛！雖然口感不如市售軟糖有咬勁，比較偏向果凍，但自己製作點心不用擔心人工色素及香精的問題，使用天然代糖也不怕孩子吃下太多糖分，非常適合讓孩子自己動手做，相信他們會玩得很開心！

份量　150個　·準備時間　10分鐘　·冷卻時間　30分鐘　·難易度　★☆☆
需要工具　小熊軟糖模具[*]

── 材料 ──

吉利丁粉[*]……21克
冷水……1/2杯
熱水……3/4杯
無糖水果茶包……2包
Swerve Confectioners 或赤藻醣醇粉……2—3大匙

── 做法 ──

1.將吉利丁粉撒入冷水中，待其膨脹，約5分鐘。

2.以3/4杯熱水沖泡茶包與Swerve，約5分鐘。

3.等步驟2降溫至60°C（140°F）後，沖入步驟1，攪拌至溶化。

4.用滴管吸取溶液滴入模具中，冷藏冷卻約30分鐘即可凝結。

Tasty Tips

- 吉利丁不可以超過 60°C（140°F），否則會降低其凝結效力。
- 吉利丁粉可用等量吉利丁片代替，放在冰塊水中泡軟後擠乾再使用。
- 沒有小熊軟糖模具的話，可以使用玻璃盒盛裝，凝結後再切塊食用。

熱量	脂肪	蛋白質	膳食纖維	總碳水化合物	淨碳水化合物
75大卡	0	18克(100%)	0	0	0

杏仁巧克力脆片

酥酥脆脆的杏仁片，裹上濃郁的黑巧克力，喀滋喀滋地讓人一口接一口停不下來。只需要七樣材料，10分鐘就能完成，「喇喇」就能完成的甜點，高脂比例也非常適合當作脂肪炸彈來補油！

份量　20個 · 準備時間　10分鐘 · 冷藏時間　20分鐘 · 難易度　★☆☆

材料

無糖椰子屑……75克
杏仁片……90克
100%無糖巧克力磚……57克
液體油或融化奶油、椰子油
……2大匙

無糖杏仁醬或花生醬……80克
Swerve Confectioners
或赤藻醣醇粉……30克
可可粉……15克，過篩
香草精……1/2茶匙（可省略）

做法

1. 將無糖椰子屑放入平底鍋，小火炒至金黃備用。杏仁片同樣用小火炒至金黃備用。
2. 將巧克力磚、液體油以50%的功率微波至融化，每1分鐘拿出來攪拌一下，混合均勻。
3. 除杏仁片之外，所有材料放進攪拌盆中，攪拌均勻。
4. 加入杏仁片，輕輕攪拌均勻。
5. 在烤盤鋪上烘焙紙，挖取適當大小，放在烘焙紙上，連同烤盤放入冰箱冷藏20分鐘即硬化。餅乾越大，需要冷藏的時間就越久。

Tasty Tips

- 杏仁片和無糖椰子屑有脆脆的口感，可以用任何堅果或是果乾代替，磨一點檸檬皮或柳橙皮加進去也不錯喔！
- 炒過的杏仁片和椰子屑可使香氣更濃郁，一定要用小火，因為很容易燒焦，炒好之後要馬上倒出來，不然鍋子的餘溫會讓它烤焦。
- 使用杏仁醬前要先將其攪拌均勻，否則會撈出太多油脂，會使得巧克力無法凝結。
- 如果使用趴數較低的巧克力，糖分要減少，請自行斟酌。
- 在室溫下巧克力會軟化，需冷藏保存。

   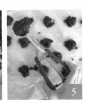

熱量	脂肪	蛋白質	膳食纖維	總碳水化合物	淨碳水化合物
112大卡	10.4克(77%)	2.6克(8%)	2.1克	4.2克(14%)	2.1克

免烤無蛋提拉米蘇

想吃美味的提拉米蘇，但一想到要做手指餅乾就覺得累？這個免烤無蛋提拉米蘇只要二十分鐘就能完成！經過N次調整比例，終於讓自己滿意！不禁要自豪地說，自己親手做比市售的提拉米蘇更好吃呢！

份量　4 杯　（7x7 公分的杯子）　·準備時間　20 分鐘 ·冷卻時間　4—6 小時
難易度　★☆☆

材料

● **餅乾**

杏仁粉*……80克
即溶咖啡粉……1茶匙
熱水……1大匙
Swerve Confectioners
或赤藻醣醇粉 ……15克
無鹽奶油或椰子油……30克，融化
鹽……1小撮
蘭姆酒……1茶匙（可省略）

● **慕斯餡**

冰的動物性鮮奶油……120克
馬斯卡彭起司……130克
無糖一般優格……70克，
或希臘優格80克
Swerve Confectioners
或赤藻醣醇粉……25—40克
蘭姆酒……1茶匙（可省略）

● **裝飾**

可可粉……1—2茶匙

做法

餅乾：

1. 將杏仁粉放在平底鍋內炒至金黃色。
2. 將即溶咖啡粉用1大匙的熱水融化，將其和剩下所有餅乾材料加入平底鍋內攪拌均勻，放涼備用。

慕斯餡：

1. 將鮮奶油以中速打到起泡，約1分鐘，轉高速打至堅挺到不流動的程度，冷藏備用。
2. 在另一個盆中將剩下所有材料以低速攪打成乳霜狀。
3. 加入打發鮮奶油，混拌均勻，嘗試一下甜度。

組合：

1. 將事先做好的餅乾鋪進杯子底部，加入一層慕斯餡，撒一層可可粉，再撒一層餅乾，加入一層慕斯餡，依序將材料填滿至其他杯子。
2. 表面撒上無糖可可粉，封上保鮮膜，放入冰箱冷藏至少4—6小時。

Tasty
Tips

- 不要省略炒杏仁粉的步驟，炒過的杏仁粉才香。
- 杏仁粉可以用打碎的堅果代替。
- 鮮奶油打過頭會油水分離；反之，打得不夠發的話，做出來的慕斯會比較硬。
- 因食譜中的鮮奶油量少，建議使用窄且高的容器，會比較好打發。
- 馬斯卡彭放置室溫容易出現油水分離的現象，因此不需室溫軟化，並以低速攪打才不會油水分離。
- 此配方為求簡便沒有用吉利丁，因此脫模有難度，直接用湯匙挖來吃。
- 如果使用的優格較酸，需酌量增加赤藻醣醇粉。
- 照片為食譜兩倍的份量。

熱量	脂肪	蛋白質	膳食纖維	總碳水化合物	淨碳水化合物
422大卡	39.1克(88%)	5.5克(6%)	2.1克	6.7克(7%)	4.6克

覆盆莓慕斯

酸酸甜甜的覆盆莓慕斯，如空氣般輕盈細緻，入口即化，美麗的玫瑰粉更是讓人少女心噴發！為了減少對血糖的衝擊及控制碳水量，這道慕斯只取用非常少量的覆盆莓，利用無糖莓果茶包來加強口感，淨碳水化合物只有2.6克呢！

份量 6杯（7x7公分的杯子）· 準備時間 15分鐘 · 冷卻時間 4小時 · 難易度 ★☆☆

材料

鮮奶油……150克
吉利丁粉……1又3/4茶匙（約6.5克）
冷開水……50克
沸水……300克
無糖莓果茶包……2包

羅漢果糖…… 40克
覆盆莓（冷凍或新鮮的皆可）……120克
奶油乳酪……115克
鹽 ……1小撮

做法

1. 將鮮奶油放入窄且高的容器中，用電動攪拌器打發至硬挺，冷藏備用。
2. 將吉利丁粉撒入50克的冷開水中，讓其膨脹，約5分鐘。
3. 用300克的沸水沖泡兩包莓果茶包，浸泡約5—10分鐘，取出茶包丟棄，並加入羅漢果糖融化。
4. 待莓果茶降溫到60°C（140°F）後，加入吉利丁中，攪拌到溶解。與覆盆莓、奶油乳酪、鹽，一同加入強力果汁機攪打均勻。
5. 將打發的鮮奶油加入，以手動攪拌器混合均勻，過篩，分裝在杯子中，輕輕在桌上震出氣泡，蓋上保鮮膜，冷藏至少4小時。

Tasty Tips

● 因食譜中的鮮奶油量少，建議使用高且深的容器會比較好打發。
● 融化吉利丁不可超過 60°C（140°F），否則會失去凝結效力，造成分層。
● 吉利丁粉可換成等重吉利丁片，放在冰塊水中泡軟後擠乾再使用。
● 營養成分不含裝飾。

熱量	脂肪	蛋白質	膳食纖維	總碳水化合物	淨碳水化合物
177大卡	16.1克(89%)	1.6克(4%)	1.3克	3.1克(7%)	1.8克

免烤1分鐘巧克力豆馬克杯蛋糕

有如雞蛋糕蓬鬆、Q彈的口感,與香甜巧克力豆融化在唇齒之間,配上黑咖啡,不管當早餐、下午茶、小孩的下課點心都很適合!只要1分鐘攪一攪就能完成,和你的阿娜答一起享用這軟綿綿又甜蜜蜜的雙人份小蛋糕!

份量 2份・準備時間 3分鐘・烘焙時間 1分鐘・難易度 ★☆☆

材料

無鹽奶油或椰子油……30克，融化
杏仁粉……40克
赤藻醣醇……2大匙
蛋……1顆（去殼淨重約50克）

小蘇打粉……1/4茶匙或泡打粉1茶匙
香草精*……1/2茶匙
鹽……1小撮
無糖巧克力豆……2大匙
（或無糖巧克力磚切小塊）

做法

1.融化奶油，手摸不燙後，將所有材料攪拌均勻，平均倒入馬克杯中，約七分滿。

2.兩杯蛋糕一起微波1分鐘，如用烤箱的話預熱160°C（325°F），烤15—20分鐘。

3.用牙籤插入中心點，沒有液體流出即可。

Tasty Tips

- 食譜使用 4oz (8.5cm×4cm) 烤皿，如果使用底面積比較大的容器，烘烤時間要縮短。

- 每台微波爐的功率不同，請自行調整時間，若 1 分鐘還沒有熟，每次以 10 秒為單位繼續微波，微波好的蛋糕表面摸起來還是軟軟的，放幾分鐘後就會變硬一點。

- 食譜照片是以烤箱烘烤，表面呈金黃色，如用微波則表面為淡黃色。

- 此食譜的香草精不建議省略，否則蛋味會比較重。

- 蛋糕會膨脹，因此麵糊七分滿就好，不然會溢出。

熱量	脂肪	蛋白質	膳食纖維	總碳水化合物	淨碳水化合物
286大卡	26.6克(84%)	8.3克(12%)	4.2克	7.7克(4%)	3.5克

免烤

摩卡咖啡可可塔

炎炎夏日，真不想開烤箱！來份冰冰涼涼的巧克力塔，加一點咖啡，是大人的口味！濃郁的摩卡香，完全滿足了想吃甜點的欲望！

份量　2 份　·準備時間　20 分鐘　·冷卻時間　1 小時·難易度　★☆☆
需要工具 4 吋塔模、蛋塔模或馬克杯

材料

● 塔底

杏仁粉……36克

可可粉……1茶匙

即溶咖啡粉……1茶匙

羅漢果糖……1大匙

融化的無鹽奶油或椰子油……1大匙

鹽……1小撮

● 內餡

鮮奶油或椰漿……70克

杏仁奶……65克

吉利丁粉……3克

羅漢果糖……10克

蛋黃……1顆

無糖可可磚……15克，切小塊

即溶咖啡粉……2茶匙

無鹽奶油或椰子油……1大匙

做法
---

1. 塔模噴油，備用。

2. 所有塔底材料加入碗中，攪拌均勻，倒入塔模，用手壓平，並從底部往塔模邊緣推開，使其厚度一致，冷藏備用。

3. 取一小湯鍋，加入鮮奶油、杏仁奶，撒入吉利丁粉，攪拌均勻，等5分鐘讓其膨脹。

4. 以中小火加熱步驟3，加入羅漢果糖，融化後即離火。

5. 將步驟4 一邊沖入蛋黃中，一邊攪拌。

6. 將步驟5倒回湯鍋中，加入可可磚、即溶咖啡粉融化，最後加入奶油融化並攪拌均勻。

7. 待內餡溶液稍微冷卻後，約3分鐘，倒入塔模中。

8. 冷藏至凝固即可食用，約1小時。

Tasty Tips

- 步驟 3 加熱吉利丁溶液不可超過 60° C（140° F），否則會降低其凝結效力。

- 此道食譜可做一個 4 吋塔模或是兩個直徑 7 公分的蛋塔模，內餡會多出一點，可以用任何容器（如：馬克杯）代替塔模。

- 用吹風機熱風吹塔模邊緣 30 秒即可輕易脫模。

- 如果不嫌麻煩的話，把塔皮烤過會更香更好吃，烤箱預熱 180° C（350° F），烤至全熟，約 8 分鐘。

- 沒有咖啡粉可換成等量可可粉，即為巧克力塔。

熱量	脂肪	蛋白質	膳食纖維	總碳水化合物	淨碳水化合物
393 大卡	37.1克(85%)	6.8克(7%)	4.6克	8.4克(8%)	3.8克

萊姆
波瑟特

萊姆波瑟特（posset）是古老的英國甜點，完全沒有使用任何凝固劑，口感介於慕斯和奶酪之間。萊姆清新宜人，波瑟特冰涼爽口，最後撒上炒香的杏仁菠蘿酥，就是一款優雅細緻的甜品。

份量　4 份 · 準備時間　25 分鐘 · 冷卻時間　3 小時 · 難易度　★ ☆ ☆

材料

● 波瑟特

鮮奶油……2杯（460克)
羅漢果糖……50克
萊姆皮屑……2茶匙—1大匙
（約3—4顆萊姆）
新鮮萊姆汁……75克
（約3 —4顆萊姆）
鹽……1/8茶匙

● 杏仁菠蘿酥

杏仁粉……35克
Swerve Confectioners
或赤藻醣醇粉……1茶匙
奶油……10克，融化

———— 做法 ————

波瑟特：

1. 將鮮奶油、羅漢果糖、萊姆皮屑加入小湯鍋中，以中火煮至沸騰，繼續煮且不停攪拌，直到溶液濃縮成2杯（460克），12—15分鐘。如果快要溢鍋，暫時離開火源，待其平復後再繼續煮，離火，加入萊姆汁，冷卻20分鐘，直到表面結皮為止。

2. 過篩，皮屑棄置不用，平均分裝到容器中，不加蓋，冷藏到凝固，約3小時。當波瑟特完全冷卻之後用保鮮膜包覆，可保存兩天。

杏仁菠蘿酥：

將杏仁粉在瓦斯爐上以小火炒至金黃，加入Swerve、融化奶油，攪拌均勻，食用前撒上波瑟特。

Tasty Tips

- 一定要使用脂肪含量36%以上的動物性鮮奶油製作，不可使用非奶製品（如椰漿、杏仁奶）或一般牛奶。
- 此食譜沒有使用任何凝固劑，單純利用萊姆的酸和鮮奶油裡的酪蛋白，兩者相加時起的化學作用來凝結，因此鮮奶油和萊姆汁的比例是關鍵，在步驟1一定要濃縮至兩杯（460克），在煮的過程中要不時將鮮奶油倒出來測量。
- 鮮奶油一定要煮至沸騰，奶類很容易溢鍋，一定要顧鍋。
- 萊姆皮屑帶有萊姆精油，是萊姆香氣的主要來源，使這道甜點滋味更加出色，不建議省略。
- 可以用檸檬代替萊姆。
- 波瑟特與杏仁菠蘿酥要分開保存，波瑟特可冷藏三天，菠蘿酥則可在室溫下保存三—五天，在食用前才撒上杏仁菠蘿酥。

熱量	脂肪	蛋白質	膳食纖維	總碳水化合物	淨碳水化合物
475大卡	54.4克(95%)	2克(2%)	1.1克	4.3克(3%)	3.2克

椰奶蒸布丁

充滿濃濃雞蛋香的椰奶蒸布丁是小朋友的最愛,只要四樣材料和一個電鍋,就可以製作出軟軟嫩嫩、細緻無氣孔的蒸布丁。冰鎮過後再吃,風味更佳!蛋奶素可食。

份量　4 份 ・準備時間　5分鐘 ・烘焙時間　20 分鐘
難易度　★☆☆ ・需要工具　4個4 oz的瓷皿（直徑3.5 吋，高1.5 吋）

--- 材料 ---

蛋……3顆
罐頭椰漿*……1杯（240cc）

赤藻醣醇……40克—50克
香草精……2茶匙

--- 做法 ---

1. 將全蛋打散。
2. 在小湯鍋裡加入椰漿和赤藻醣醇，加熱到糖融化，不要煮到沸騰，再將其緩慢沖入全蛋液中，一邊沖入一邊攪拌。
3. 將蛋奶液過篩兩次，平均倒入四個瓷皿中，覆蓋鋁箔紙。
4. 在大同電鍋外鍋加入225cc的水，取一蒸架放入，將瓷皿放入，蓋上鍋蓋，在蓋子與電鍋之間平放一根筷子，使蓋子開一點縫隙，再按下電鍋開關。
5. 電鍋跳起時即完成，輕輕搖晃布丁，中間沒有晃動得很厲害就是大功告成。如果還沒完全熟的話，再加一點水到外鍋繼續蒸5分鐘。
6. 將布丁放涼之後，放入冰箱冰鎮再食用，風味更佳。

Tasty Tips
● 可以用鮮奶油代替椰漿。
● 食譜的份量剛好可以放進六人份的大同電鍋。

熱量	脂肪	蛋白質	膳食纖維	總碳水化合物	淨碳水化合物
144大卡	12.1克(81%)	5.2克(14%)	0	1克(5%)	1克

香草優格冰淇淋

香氣濃郁的香草配上酸酸甜甜的優格，滑順的口感與市售冰淇淋並無二致！若再配上懶人蘋果派（請參考P.121），真是宛如置身生酮下午茶的甜蜜天堂！

份量　450克（9份）　·準備時間　10分鐘　·冷卻時間　3—4小時　·難易度　★☆☆
冷卻工具　冰塊、深鍋

材料

香草莢⋯⋯1/2根
或香草精1大匙
酸奶油⋯⋯150克
無糖希臘優格⋯⋯60克
木糖醇*⋯⋯34克
赤藻醣醇*⋯⋯26克
鹽⋯⋯1/8茶匙
黃原膠⋯⋯1/8茶匙（可省略）
鮮奶油⋯⋯240克
香草精⋯⋯1茶匙
烈酒*⋯⋯1大匙

做法

1.把香草莢縱向剖開，用扁平的小刀將香草籽刮出來。

2.取一小湯鍋，加入香草莢、香草籽、酸奶油、優格、代糖、鹽，用小火煮15分鐘，期間需不時攪拌以免焦底，關火，撒入黃原膠，攪拌均勻。若使用香草精則不用加熱，只要將材料攪拌均勻即可。

3.濾網過篩香草糊，用保鮮膜緊貼表面覆蓋以免結皮。

4.在深鍋中加入冰塊，攪拌盆放入已裝滿冰塊的深鍋中使其快速降溫至冷卻。

5.取另一個攪拌盆加入鮮奶油，打發至堅挺，加入香草精、烈酒。

6.打發鮮奶油與香草糊攪拌均勻，倒入盛裝容器中，冷凍3—4小時即可食用。若使用冰淇淋機，請根據其使用手冊操作。

Tasty Tips

- 赤藻醣醇的結晶效果很強，木糖醇則不會結晶，因此製作生酮冰淇淋一定要加木糖醇才會有綿密滑順的口感，全部使用赤藻醣醇會非常硬，有碎冰感，用甜菊糖也是一樣。

- 人體仍會吸收部分木糖醇，升醣指數＝ 13，人體會吸收多少碳水則沒有定論，此食譜以赤藻醣醇加木糖醇兩種代糖來降低對血糖的影響，450 克的冰淇淋中，木糖醇只佔了 4%，對於血糖和碳水的影響非常小。請注意，木糖醇對狗有致命毒性，一定要收好。

- 全部使用木糖醇會有最好的效果，但因其容易導致腹瀉，不要一次吃太多，腸胃敏感的人請斟酌食用。

- 建議使用希臘優格，水分較少，冰淇淋較軟綿。若用一般無糖優格，因水分較多，會比較硬，沒有優格也可以用等量酸奶油代替；使用酸奶油的話，因脂肪含量高，冰淇淋較軟綿，但口味會較膩。

- 烈酒可以降低冰點，但加太多冰淇淋無法結凍，如果使用木糖醇則不需要加，可使用的烈酒如白蘭地、伏特加、蘭姆酒、威士忌。

- 若冷凍過夜，食用之前 10—20 分鐘先拿出來退冰。若全部使用赤藻醣醇或甜菊糖則需退冰 40—50 分鐘。

- 使用冰淇淋機效果較佳。

- 無奶替代做法：可將酸奶油和鮮奶油換成罐頭椰漿，將罐頭椰漿打發必須先放冰箱冷藏數小時讓脂肪浮到表面，小心不可搖晃罐頭，再用濾網將脂肪部分撈起，將其打發，椰奶打發時間會比較長一點，不會打到很堅挺。

熱量	脂肪	蛋白質	膳食纖維	總碳水化合物	淨碳水化合物
136大卡	12.4克(92%)	0.8克(3%)	0	1.7克(6%)	1.7克

抹茶冰淇淋

最近Japan Rail Cafe 在台灣好紅！吃不到的話不用流口水，在家自製生酮版很簡單！自己在臉書打卡濃郁回甘的生酮抹茶冰淇淋給好友們瞧瞧吧！

份量　400 克（8 份）　·準備時間　20 分鐘　·冷卻時間　3—4 小時　·難易度　★★☆

材料

鮮奶油*……250克
抹茶粉……2.5茶匙
蛋黃……3顆
杏仁奶*……125克
赤藻醣醇*……30克
木糖醇*……20克
鹽……1小撮

做法

冰淇淋機：

1.在攪拌盆中加入鮮奶油，篩入抹茶粉，攪拌到溶解，備用。

2.將蛋黃放入中型的碗中，打散，備用。

3.將杏仁奶、赤藻醣醇、木糖醇、鹽放入小湯鍋內，用溫火煮到糖融化，再緩慢倒入蛋黃液中，一邊倒一邊攪拌。

4.將步驟3倒回湯鍋中，開中小火，用刮刀不停攪拌，確保鍋底和鍋邊轉角處都有刮到，直到蛋黃糊變濃稠為止。可以裹在湯匙背面，用手指劃過湯匙會留下痕跡即可，過程約4分鐘，絕對不可以讓蛋黃糊沸騰，煮過的蛋黃糊重量約180克，請秤重。

5. 將蛋黃糊過篩兩次，加入抹茶鮮奶油溶液中，濾網背面的蛋黃糊也要刮下來加入攪拌均勻。

6. 以保鮮膜緊貼表面覆蓋，以免結皮，放入冰箱冷卻後再依照冰淇淋機的說明完成。

無冰淇淋機：

1. 步驟1—5都一樣。

2. 鮮奶油打發到硬挺，蛋黃糊過篩兩次後，加入攪拌均勻，冷凍3—4小時即可食用。

Tasty Tips

- 代糖的替換與使用請參考「香草優格冰淇淋」的 Tasty Tips（P.162）。
- 杏仁奶可以用無糖豆漿、牛奶（碳水較高）代替，鮮奶油可用椰漿代替。
- 煮過後的蛋黃糊已達 71°C（160°F）的殺菌標準，不是生蛋，可安心食用。
- 煮過後的蛋黃糊請秤重約 180 克，如果煮得太濃稠，成品會過甜，可添加杏仁奶到 180 克。
- 煮蛋黃糊的時候要全程顧爐，不停攪拌，切記不可讓蛋黃糊沸騰。
- 如果全部使用赤藻醣醇，可加黃原膠 1/4 茶匙及烈酒 1 大匙來減少冰晶的情況。
- 從冰淇淋機拿出來直接吃的口感最佳，冷凍之後會比較硬一點，在室溫下退冰 5—10 分鐘即可恢復口感。
- 全部使用赤藻醣醇，退冰可能需要 40—50 分鐘。

熱量	脂肪	蛋白質	膳食纖維	總碳水化合物	淨碳水化合物
144大卡	13.9克(87%)	1.7克(5%)	0.4克	2.8克(8%)	2.4克

酪梨冰淇淋

你可能會好奇,酪梨做成冰淇淋會不會怪怪的?咦,居然很好吃呢!因酪梨富含脂肪,使這款冰淇淋不需蛋黃或黃原膠,就可以擁有綿密滑順的口感,你一定要試試看!

份量　450克（9份）　·　準備時間　10分鐘　·　冷卻時間　3—4小時　·　難易度　★☆☆

材料

成熟的酪梨……325克，切塊
鮮奶油……63克
酸奶油……120克
赤藻醣醇*……30克
木糖醇*……20克
新鮮檸檬汁……2茶匙
鹽……1小撮

做法

冰淇淋機：

1.把所有材料加入果汁機中，打成滑順的泥狀。

2.放入冰淇淋機，依照機器的使用說明完成冰淇淋製作。

無冰淇淋機：

1.將鮮奶油用電動攪拌器打發至硬挺。

2.剩下所有材料放入果汁機中打成滑順的泥狀。

3.將步驟1與步驟2混合均勻，冷凍3—4小時即可食用。

Tasty
Tips

● 代糖的替換與使用方式請參考「香草優格冰淇淋」的 Tasty Tips（P.162）。

● 如果全部使用赤藻醣醇的話，可以加入黃原膠 1/4 茶匙及烈酒 1 大匙來減少冰晶的情況。

● 從冰淇淋機拿出來直接吃，口感最佳。冷凍之後會比較硬一點，室溫退冰 5—10 分鐘即可恢復口感。

● 全部使用赤藻醣醇的話，可能要退冰 40—50 分鐘。

● 因鮮奶油使用的量少，建議使用窄且高的容器較容易打發。

熱量	脂肪	蛋白質	膳食纖維	總碳水化合物	淨碳水化合物
116大卡	10.8克(82%)	0.3克(1%)	2.7克	5克(17%)	2.3克

榛果巧克力醬

市售榛果巧克力醬的成分中有超過一半都是糖！自己在家製作非常簡單又能替食材把關。飄散著榛果香的巧克力醬香滑濃郁，不管當作抹醬、淋在冰淇淋上，或是做成摩卡咖啡都很棒呢！

份量　250ml（8人份）・準備時間　5分鐘・難易度　★☆☆

材料

已烘烤的榛果*……200克
可可粉……25克
Swerve Confectioners……3大匙
或赤藻醣醇粉……4大匙
鹽……1/8茶匙
酪梨油……5—7大匙

做法

1.將榛果、可可粉、Swerve Confectioners 、鹽，以食物處理機打碎。

2.一邊攪打一邊加入酪梨油，可自行調整油的用量，越多油，巧克力醬越稀。

3.將成品倒入玻璃罐中儲存。

● 若使用生榛果，請先用烤箱150°C（300°F）烘烤榛果10—15分鐘，到金黃色並飄出香味為止，或用平底鍋將榛果以中小火炒到金黃色。

● 一定要用粉狀代糖，否則會吃到糖的顆粒。

● 建議使用法芙娜、Ghirardelli 等高品質的可可粉。

● 若使用甜菊糖代替赤藻醣醇，因其跟巧克力混合後會使其本身的苦味更明顯，味覺敏感者請斟酌的使用。

熱量	脂肪	蛋白質	膳食纖維	總碳水化合物	淨碳水化合物
214大卡	20.8克(86%)	3.2克(6%)	3.4克	4.4克(8%)	1克

奇亞籽覆盆莓果醬

酸酸甜甜的莓果醬，塗麵包或是跟無糖優格一起吃都超讚的！添加了富含 omega-3、抗氧化物、高纖維的奇亞籽更健康！利用奇亞籽吸水凝結的特性，免煮，只要「喇一喇」就完成了！真的沒有比這個更簡單的果醬做法了！即使沒有廚房的朋友也可以動手嘗試喔！

份量　450克 · 準備時間　5分鐘 · 冷卻時間　1小時 · 難易度　★☆☆

─────── 材料 ───────

覆盆莓（新鮮或冷凍）……225克
奇亞籽……60克
檸檬汁……2茶匙
赤藻醣醇……20克
甜菊糖液……4滴
水……120cc

─────── 做法 ───────

1.若使用冷凍覆盆莓，先解凍，再將覆盆莓置入攪拌盆中，用叉子壓碎。

2.把所有材料攪拌均勻，倒入瓶中，放入冰箱，讓奇亞籽凝結即可。

Tasty Tips

● 此道食譜做出來的果醬是濃稠的，不是像市售果醬那種塊狀。

● 檸檬汁可以讓果醬顏色保持鮮豔，不要省略它喔！

● 果醬請冷藏保存並在一個禮拜內用完。

● 營養成分以一大匙（15 克）為份量。

熱量	脂肪	蛋白質	膳食纖維	總碳水化合物	淨碳水化合物
10大卡	0.3克(18%)	0.6克(16%)	1.5克	2.3克(7%)	0.8克

菠菜培根司康

香酥鬆軟的司康，塞滿菠菜和培根，撒上一點起司，營養均衡又美味！今天晚上做好，明天早上回烤一下，馬上就有早餐可以吃了！或是搭配湯、沙拉，當作簡單的午餐也很棒呢！

份量　12個　·準備時間　10分鐘　·烘焙時間　20分鐘　·難易度　★☆☆

材料

● 乾性材料

杏仁粉……200克
椰子粉……30克
無鋁泡打粉……1大匙
蒜粉……1/2茶匙
莫札瑞拉起司絲
或切達起司……85克

● 濕性材料

蛋……1顆
蛋白……1顆
鮮奶油……55克

● 內餡

菠菜……100克
培根……3—4條

● 裝飾

莫札瑞拉起司絲適量

做法

1. 烤箱預熱170°C（325°F ）。
2. 將菠菜炒熟、培根切細條、煎熟、吸乾油分，備用。
3. 所有乾性材料加入盆中攪拌均勻，再加入濕性材料、內餡，攪拌均勻。
4. 麵糰倒在已鋪上烘焙紙的烤盤，用手整形成厚度為2.5公分的長方形，切成六塊正方形，每塊再對切成三角形，然後稍微將每一塊司康分開來一點，使其在烤盤上均勻分佈，上面再撒上一些莫札瑞拉起司絲。
5. 烤10分鐘，將烤盤轉向180度，再烤10—15分鐘，趁熱食用。

Tasty Tips

● 食譜用的莫札瑞拉起司絲每 1/4 杯有 190 毫克鈉，如果你使用的起司較不鹹，請視情況加入鹽 1/4—1/2 茶匙。
● 配料可以依自己喜好調整，加入蔬菜類時都要先炒過才不會太濕。

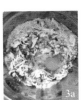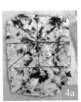

熱量	脂肪	蛋白質	膳食纖維	總碳水化合物	淨碳水化合物
173大卡	13.9克(75%)	8.3克(18%)	2.8克	6克(13%)	3.2克

亞麻籽軟餐包

這款萬用軟餐包剛出爐時熱騰騰的，又香又軟，好像全麥饅頭！拿它來夾蛋、抹果醬、當漢堡包食用都很美味！

份量　5個 · 準備時間　20分鐘 · 烘焙時間　25分鐘 · 難易度　★☆☆

材料

黃金亞麻籽粉……113克
杏仁粉……80克
洋車前子粉……20克
無鋁泡打粉……2茶匙

鹽……1/4茶匙
黃原膠……1/2茶匙（可省略）
蛋白……140克（約4—5顆蛋白）
蘋果醋或白醋……1又1/2茶匙
沸水……115克

做法

1. 烤箱預熱190℃（375°F）。
2. 將黃金亞麻籽粉用磨豆機或強力果汁機打成更細的粉狀。
3. 除沸水外，所有材料加入攪拌盆中，攪拌均勻。
4. 加入115克的沸水，攪拌均勻，靜置麵糰10分鐘。
5. 測試麵糰質地：橡皮刮刀插入麵糰中心可以直立不倒，手指戳洞會留下痕跡，不黏手。
6. 烤盤鋪上烘焙紙，將麵糰分成五等份，揉圓。
7. 烤25—30分鐘到表面呈金黃色。
8. 烤好後，置於網架上放涼或立即食用。

Tasty Tips

- 黃金亞麻籽粉打成更細的粉狀可以減少黏滑感，不要打太久，以免因摩擦生熱使得亞麻籽出油結塊。
- 如果想更像傳統麵包，可以添加酵母粉 1/2 茶匙，會多一股酵母香。
- 冷藏保存五天，或冷凍保存一個月。

 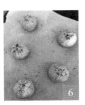

熱量	脂肪	蛋白質	膳食纖維	總碳水化合物	淨碳水化合物
238大卡	15.8克(59%)	11.5克(19%)	9.7克	13.7克(23%)	4克

巧克力奶酥捲

甜蜜的巧克力奶酥裹繞著金黃香酥的杏仁亞麻籽麵包，剛出爐的時候，外酥內軟、香氣逼人！雖然跟台式麵包有嚼勁的口感仍有差距，但捧著熱騰騰的麵包還是很幸福！

份量 6 個 · 準備時間 40 分鐘 · 烘烤時間 30 分鐘 · 難易度 ★★★

材料

● 巧克力奶酥內餡

無鹽奶油……60克，室溫軟化
Swerve Confectioners
或赤藻醣醇粉……30克
椰漿粉或奶粉……60克
可可粉……1又1/2茶匙
全蛋液……15—20克
鹽……1小撮

● 麵糰

杏仁粉……148克
黃金亞麻籽粉……45克
洋車前子粉……20克
羅漢果糖……35克
泡打粉……2茶匙
鹽……1/4茶匙
黃原膠*……1/2茶匙（可省略）
蛋白……140克（約4—5顆蛋白）
蘋果醋或白醋……1又1/2茶匙
沸水……115克

做法

巧克力奶酥餡：

1. 將無鹽奶油、Swerve用打蛋器打成乳霜狀。
2. 加入椰漿粉、可可粉、全蛋液、鹽，攪拌均勻成糰狀，分割為六等份，以保鮮膜包好，冷藏備用。

麵糰：

1. 烤箱預熱190°C（375°F）。
2. 黃金亞麻籽粉再用磨豆機或強力果汁機打成更細的粉狀。
3. 除沸水外，將所有材料加入攪拌盆中，攪拌均勻。
4. 加入沸水115克，攪拌均勻，靜置麵糰10分鐘。
5. 測試麵糰質地：橡皮刮刀插入麵糰中心可以直立不倒，手指戳洞會留下痕跡，不黏手。
6. 烤盤鋪上烘焙紙，將麵糰分成六等份，揉圓。
7. 手抹油，隔著保鮮膜用擀麵棍將麵糰擀成圓片狀，包入奶酥餡，收口捏緊。
8. 麵糰壓扁，擀成長約20cm的橢圓形，用刀在麵皮中央切五—六道（頭尾不切斷），從麵糰右下角捲起成條狀，頭尾黏合。
9. 烤30—35分鐘，到表面呈金黃色。
10. 烤好後，留置於烤盤上10分鐘，再轉移至網架上放涼或立即食用。

Tasty
Tips

- 將黃金亞麻籽粉打成更細的粉狀可以減少黏滑感，不要打太久，以免因摩擦生熱使得亞麻籽出油結塊。
- 如果想更像傳統麵包，可以添加酵母粉 1/2 茶匙，會多一股酵母香。
- 黃原膠可以增加麵糰彈性，較容易整形，不加不影響口感，但整形時難度較高。
- 此款麵包整形時較困難，手抹油才不會沾黏，新手可以將巧克力奶酥包入麵皮後就拿去烘烤，不需要做成花捲狀。
- 天氣熱的時候，奶酥會快速軟化，使整形更加困難，請冷藏奶酥直到要用的時候再取出。
- 烘烤時奶油會溢出，是正常現象，冷卻後奶油就會被吸回去。
- 可以放置於馬芬模中烘烤，形狀會比較圓，但非必要。
- 冷藏保存五天，或冷凍保存一個月。

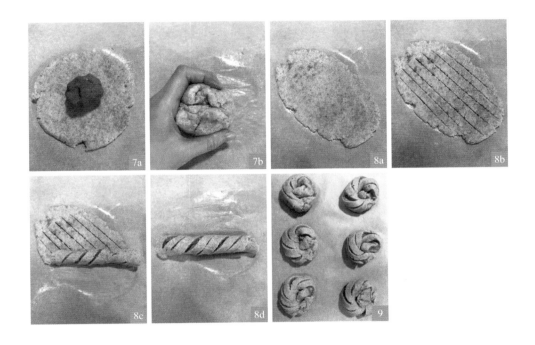

熱量	脂肪	蛋白質	膳食纖維	總碳水化合物	淨碳水化合物
339大卡	37.6克(71%)	10.8克(12%)	10.1克	14.2克(16%)	4.1克

• Bread & Pastry •

番茄培根
辮子麵包

金黃香酥的麵皮、鹹香培根、牽絲起司，這款辮子麵包贏得全家人的喜愛！步驟十分簡單，免揉免發酵，只要準備二十分鐘，就能享用這美味的鹹麵包！

份量 4 份 ・ 準備時間 20 分鐘 ・ 烘烤時間 20 分鐘 ・ 難易度 ★★☆

材料

● 麵糰
莫札瑞拉起司絲*……140克
杏仁粉……28克
椰子粉……28克
無鹽奶油……60克，融化
蛋……1顆（去殼淨重50克）

● 內餡
培根……3條
油漬番茄乾……20克
新鮮菠菜……30克

做法

1. 烤箱預熱200°C（400°F）。
2. 將培根煎熟、菠菜炒熟，放在紙巾上吸油。
3. 將莫札瑞拉起司絲微波至融化，每30秒暫停拿出來攪拌一下，直到完全融化。

4. 當起司手摸不燙，但還是微溫時，加入剩下所有麵皮材料，攪拌均勻成糰狀，如果覺得麵糰黏手的話可以多加一大匙椰子粉。

5. 將麵糰放在烘焙紙上，蓋上一大張保鮮膜（此時如果麵糰變硬，可微波10秒），用擀麵棍擀成長方形，約3公釐厚。

6. 撕掉保鮮膜，用刮板在麵糰上輕輕劃分三等份，劃出痕跡就好，不要割破，這是為了便於切割的基準線。

7. 在麵皮兩邊大約1/3處的位置用刀子等距切出斜長條。

8. 內餡放中間，依序將兩邊切出的長條麵皮交叉編織，最後將頭尾捏緊。

9. 將成品烘烤20分鐘到表面呈現金黃色即可。

Tasty Tips

- 莫札瑞拉起司絲請選擇低脂（Low Fat Part Skim），每 28 克起司絲的脂肪含量 6 克以內最佳。不建議使用脂肪含量大於 6 克的莫札瑞拉起司絲。
- 不能用切得極細或是新鮮的的莫札瑞拉起司絲取代。
- 莫札瑞拉起司絲可以換成切達起司絲。
- 用食物處理機或電動攪拌器攪打麵糰會比較容易，手動也可以，但要一點力氣。

熱量	脂肪	蛋白質	膳食纖維	總碳水化合物	淨碳水化合物
339大卡	28.2克(72%)	15.7克(18%)	3.7克	8.6克(10%)	4.9克

偽全麥
熱狗捲

烤得金黃酥軟的亞麻籽麵包，搭配香噴噴的熱狗，大口咬下它，真的超滿足，
這是喜愛鹹口味麵包的你絕對不可錯過的下午茶點心！

份量　6個　·準備時間　10分鐘　·烘烤時間　15分鐘　·難易度　★☆☆

材料

莫札瑞拉起司絲*……170克
奶油乳酪……60克
黃金亞麻籽粉……85克
蛋……1顆（去殼淨重50克）
熱狗……6根

做法

1.烤箱預熱220°C（425°F），在烤盤鋪上烘焙紙。

2.將黃金亞麻籽粉用磨豆機或強力果汁機打成更細的粉狀。

3.莫札瑞拉起司絲和奶油乳酪微波至融化，每30秒暫停拿出來攪拌一下，直到完
　全融化。

4.當起司手摸不燙，但還是微溫時，加入亞麻籽粉、蛋，攪拌成一個均勻的糰
　狀，攪拌好的麵糰不黏手，如果覺得黏手的話可以多加一大匙椰子粉。

5. 麵糰放在烘焙紙上，蓋上一大張保鮮膜（此時如果麵糰變硬，可微波10秒），用擀麵棍擀成長方形，約2—3公釐厚。
6. 撕掉保鮮膜，用小刀將麵片切成六條長條，纏繞於熱狗上。
7. 烘烤12—15分鐘至表面呈金黃色，趁熱食用。

<table>
<tr><td>Tasty Tips</td><td>

● 黃金亞麻籽粉打成更細的粉狀可以減少黏滑感，不要打太久，以免因摩擦生熱使得亞麻籽出油結塊。

● 莫札瑞拉起司絲請選擇低脂（Low Fat Part Skim），每 28 克起司絲的脂肪含量 6 克以內最佳。不建議使用脂肪含量大於 6 克的莫札瑞拉起司絲。

● 不能用切得極細或是新鮮的的莫札瑞拉起司絲取代。

● 莫札瑞拉起司絲可以換成切達起司絲。

● 用食物處理機或電動攪拌器攪打麵糰會比較容易，手動也可以，但要一點力氣。

● 請選擇低鈉的熱狗，因為起司本身已有鹹味，不宜選擇過鹹的熱狗。

</td></tr>
</table>

熱量	脂肪	蛋白質	膳食纖維	總碳水化合物	淨碳水化合物
373大卡	29.9克(72%)	19克(20%)	3.3克	6.8克(7%)	3.5克

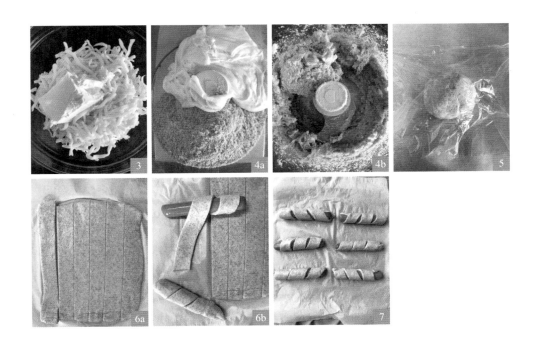

大蒜麵包棒

香香脆脆的大蒜麵包棒，不管搭配沙拉、濃湯或是當做點心零食都很棒！1根的淨碳水化合物只有1.3克！

份量　21根・準備時間　20分鐘・烘烤時間　20分鐘・難易度　★★☆
需要工具　擀麵棍

材料

●大蒜奶油醬

無鹽奶油……28克，室溫軟化
巴西里……2大匙，切碎
（可用任何香料代替）
蒜頭……2瓣，磨成泥

●麵糰乾性材料

杏仁粉……170克
無鋁泡打粉……1茶匙
蒜粉……1/2茶匙
鹽……1/2茶匙
黃原膠……1/4茶匙（可省略）

●麵糰濕性材料

莫札瑞拉起司絲……170克
蛋……1顆（去殼淨重50克）

做法

1. 大蒜奶油醬：所有材料混合均勻，備用。
2. 烤箱預熱200°C（400°F），在烤盤鋪上烘焙紙。
3. 將所有乾性材料放入盆中攪拌均勻。
4. 微波莫札瑞拉起司絲至融化，約1分鐘，每30秒暫停一次查看並攪拌。

5. 當起司手摸不燙，但還是微溫時，加入粉類與蛋，攪拌成均勻的糰狀。攪拌好的麵糰摸起來油油的，但不黏手，如果覺得黏手可以多加一大匙椰子粉。

6. 麵糰放在烘焙紙上，蓋上一大張保鮮膜（此時如果麵糰變硬，可微波10秒），用擀麵棍擀成長方形，約3公釐厚。

7. 用小刀切掉麵皮邊緣不規則的地方。

8. 將一半的麵皮抹上大蒜醬，麵皮對折，麵皮短向處朝著自己，再擀開成為3公釐厚的長方形。

9. 將麵皮切割成1—1.5公分寬的長條狀，手捏著頭尾兩端往反方向捲。如果麵皮裂開，用手捏合即可，整齊排列於烤盤中，烘烤時麵包棒不會膨脹，可以排密一點沒關係。

10. 烘烤24—27分鐘至表面金黃，溫熱食用。

Tasty
Tips

● 巴西里可以用任何香料代替，如：義大利乾燥香料、九層塔、香菜、蔥。

● 莫札瑞拉起司絲請選擇低脂（Low Fat Part Skim），每 28 克起司絲的脂肪含量 6 克以內最佳。不建議使用脂肪含量大於 6 克的莫札瑞拉起司絲。

● 不能用切得極細或新鮮的莫札瑞拉起司絲。

● 莫札瑞拉起司絲可以換成切達起司絲。

● 用食物處理機或電動攪拌器攪打麵糰會比較容易，手動也可以，但要一點力氣。

● 請一氣呵成完成食譜，保持麵糰的溫度才會比較好捲。

● 黃原膠可以加強麵糰的延展性，可省略但整形時較容易裂開，或者直接做成棒狀。

● 麵包棒隔天會變軟，以 93° C（200° F）回烤 10 分鐘即可恢復酥脆口感。

熱量	脂肪	蛋白質	膳食纖維	總碳水化合物	淨碳水化合物
84大卡	7克(71%)	4.2克(19%)	0.9克	2.2克(10%)	1.3克

墨西哥玉米片

你會不會很想念喀滋喀滋的玉米片呢？用杏仁粉做的玉米片比市售的更香！週末的夜晚一邊沾著牽絲起司的菠菜沾醬（請參考P.220）享用，一邊看影集，真的非常滿足又愜意呢！每片淨碳水化合物只有0.1克，可以放心享用！

份量 50片‧準備時間 10分鐘‧烘焙時間 35分鐘‧難易度 ★☆☆

———————————————————— 材料 ————————————————————

杏仁粉……76克
燕麥纖維*……20克
椰子粉……24克
鹽……1/4茶匙

黃原膠……2茶匙（可省略）
蛋白……60克（約2顆）
水……2大匙

———————————————————— 做法 ————————————————————

1.烤箱預熱180℃（350°F）。

2.將所有材料攪拌均勻，攪拌好的麵糰刮刀插入中間可以直立不倒。

3.在烤盤鋪上烘焙紙，噴一點油，放上麵糰，用手整形成圓餅狀。

4.蓋上保鮮膜，隔著保鮮膜將麵糰擀成0.1公分的薄片。

5.烘烤15分鐘，將麵片翻面（此時麵片已經硬了，可以輕易翻面），將烤盤轉向
　180度，再烤8—10分鐘。

6.取出成品，用披薩刀切割成三角形，邊邊已經烤好的置於網架上放涼，還沒烤
　好的放回烤箱繼續烤到金黃色，約5—10分鐘。

Tasty Tips

● 燕麥纖維可以用等量杏仁粉代替。

● 餅乾一定要擀薄才會脆。

● 請置於真空罐內於室溫中保存，無需冷藏。

● 營養成分表的份量為 1 片墨西哥玉米片。

熱量	脂肪	蛋白質	膳食纖維	總碳水化合物	淨碳水化合物
11大卡	0.8克(55%)	0.6克(18%)	0.8克	0.9克(27%)	0.1克

無粉牧羊人鹹派

傳統的牧羊人鹹派是以馬鈴薯泥製作，我改成用白花椰菜泥代替的低醣配方，多了纖維與維他命C。滿滿的蔬菜和滋味濃郁的牛絞肉，蓋上一層軟綿綿的白花椰菜泥，一鍋到底，輕鬆完成！

份量　6人份　· 準備時間　20分鐘　· 烘烤時間　15分鐘　· 難易度　★☆☆
需要工具　10吋鑄鐵鍋

── 材料 ──

● 白花椰菜泥

白花椰菜……1顆（約600克）
無鹽奶油……2大匙
鹽……1/4茶匙＋1/2茶匙，分開
黑胡椒……1/4茶匙

● 肉餡

無鹽奶油……1大匙
小型洋蔥……1/2顆，切丁
胡蘿蔔……1—2根，切丁
15%脂肪的牛絞肉……350克
番茄糊……1大匙
蒜頭……2瓣，切末
新鮮百里香……3—4根，切碎
雞高湯……1/2杯
不甜的白酒……1/4杯
鹽……1/2茶匙
黃原膠……1/4茶匙
中型櫛瓜……1根，切丁，或半杯青豆

─────────── 做法 ───────────

白花椰菜泥：

1.白花椰菜洗淨，用食物處理機或手切成米粒大小。

2.煮一鍋水，加入1/4茶匙的鹽，沸騰之後放入切碎的白花椰菜煮到軟，約8分鐘。

3.將水瀝乾，加入奶油、1/2茶匙的鹽、黑胡椒，攪拌均勻，自行調整鹹淡，備用。

肉餡：

1.在10吋鑄鐵鍋中加入奶油融化，加入洋蔥、胡蘿蔔炒到軟，約4分鐘。

2.加入牛絞肉，以鍋鏟將其炒散至金黃色。

3.加入番茄糊、蒜頭、百里香炒香，約30秒。

4.加入雞高湯、白酒、鹽，均勻撒上黃原膠。

5.加入櫛瓜或青豆，炒至收汁。

6.烤箱開上火到最高溫，烤架放在上方數來第二格。

7.將白花椰菜泥鋪到肉餡上，以刮刀整平。

8.鑄鐵鍋放入烤箱烘烤15分鐘至白花椰菜泥金黃，趁熱食用。

Tasty Tips

● 用 10 吋的鑄鐵鍋鹹派是剛好的厚度，鍋子太大的話，做出來的派會太薄。沒有鑄鐵鍋的人可以用 10 吋深派盤，在瓦斯爐上炒好肉餡再放置派盤裡烘烤。

● 蔬菜可以依照自己的喜好替換。

熱量	脂肪	蛋白質	膳食纖維	總碳水化合物	淨碳水化合物
248大卡	17.4克(62%)	16.2克(26%)	2.5克	7.6克(12%)	5.1克

綠花椰蝦仁鹹派

這道食譜只要按照步驟，成功率超高！它的派皮酥鬆，加上鮮美的蝦仁、口味清爽的綠花椰菜，和濃郁的蛋奶醬汁一起烘烤，撒上鹹香起司，就是一道賞心悅目又好吃的法式鹹派！

份量　9 吋（10 片）· 準備時間　40 分鐘 · 烘烤時間　30 分鐘 · 難易度　★★★
需要工具　9 吋活底派盤、擀麵棍

━━━ 材料 ━━━

● 派皮

杏仁粉……77克
椰子粉……77克
泡打粉　……1/2茶匙
鹽　……1/4茶匙
冰的無鹽奶油……140克
蛋……1顆（去殼淨重50克）
蛋白……少量，刷派皮用

● 蛋奶液

全蛋……2顆
蛋黃……2顆
鮮奶油……100克
無糖杏仁奶或水……100克
鹽……1/4茶匙

● 內餡

綠花椰菜……200克
蝦仁……180克
莫札瑞拉起司絲……100克

━━━ 做法 ━━━

派皮：

1. 將杏仁粉、椰子粉、泡打粉、鹽加入食物處理機中，按pulse幾次攪拌均勻。
2. 將奶油切小塊加入，再按pulse幾次，直到變成鬆散的粉粒狀。
3. 加入蛋，攪打到成糰，用保鮮膜包好放冰箱冷藏15分鐘。
4. 在桌上鋪烘焙紙，噴一點油，將麵糰取出，蓋上保鮮膜，隔著保鮮膜用擀麵棍擀成0.5公分厚的圓片，面積比烤模大1～2公分。

5. 用手掌捧著整張派皮，連同烘焙紙，將派皮快速倒扣在派盤上，再撕去烘焙紙，使派皮緊貼派盤，底部與周圍壓平捏緊，盡量讓厚度平均，若派皮破掉，用手黏合即可。
6. 邊緣多餘的派皮用刮板刮掉，切割下來的麵糰最後可補在派皮邊緣較薄處。
7. 放回冰箱冷藏15分鐘，並預熱烤箱190°C（375°F）。
8. 在派皮表面刷上一層蛋白，派皮邊緣包上鋁箔紙，防止烤焦。
9. 烤10—15分鐘，直到派底開始變成淺黃色，取出備用（半熟派皮）。

內餡：
1. 蝦仁、綠花椰菜以滾水川燙至變色即撈出，瀝乾。
2. 蛋奶液所有材料加入盆中，打散、過篩。
3. 內餡材料鋪好在半熟派皮中，再倒入蛋奶液至8—9分滿，撒上莫札瑞拉起司絲。
4. 烤20—30分鐘，直到蛋奶醬汁呈固態狀，牙籤戳入時沒有蛋液流出，表面呈金黃色為止。如果擔心派皮邊緣上色過深，可用鋁箔紙將邊緣包住。

Tasty Tips

- 奶油一定要用冰的，不可融化或室溫。如果在夏天製作，可以把所有粉類和攪拌盆都先放入冰箱。
- 沒有食物處理機的話，也可以用手摩擦將奶油與粉類搓成鬆散的粒狀，或用刮板輔助切拌。但是動作要快，避免奶油融化。
- 如果加入蛋之後若麵糰鬆散無法成糰，可以加入冰水，每次 1 大匙。
- 攪拌好的麵糰不會黏手，如果還有奶油粒的話亦可。
- 因為麵糰沒有筋性，擀開派皮時邊緣一定會裂開，拿起派皮時會破掉，這些都無所謂，派皮放到派盤上之後再用手黏合即可。
- 派皮與派模要貼合，中間不要有空氣，不然烤的時候底部會鼓起。此外，不需要放派石。
- 食譜可以分成兩天做，第一天先做好派皮麵糰，包上保鮮膜再放進保鮮盒中，或用兩層夾鏈袋防止乾燥，第二天再來烤派皮和製作內餡。
- 趁熱品嘗，冷藏可保存 3—5 天。

生酮法式鹹派
（綠花椰蝦仁鹹派）
製作影片

熱量	脂肪	蛋白質	膳食纖維	總碳水化合物	淨碳水化合物
334大卡	28.7克(75%)	12.6克(15%)	4.1克	9.3克(11%)	5.2克

雞肉派

外脆內軟的比司吉派皮，包裹香濃的鮮奶油白醬、多種高纖蔬菜、多汁雞胸肉，再撒上牽絲莫札瑞拉起司、現磨黑胡椒，滿屋生香！這道雞肉派，製作不需特殊器具，簡單但美味與營養都滿點！

份量　6 人份 · 準備時間　10 分鐘 · 烘烤時間　20 分鐘 · 難易度　★☆☆
需要工具　8x8 吋派盤

材料

● 內餡

芹菜……150克
洋蔥……1/4顆
紅椒……1/2顆
無鹽奶油……1大匙
蒜末……1茶匙
乾燥百里香……1茶匙
雞高湯……1杯
月桂葉……1片
黃原膠……1/2茶匙或玉米粉1大匙
鮮奶油……1/2杯
雞胸肉……250克
鹽……1/4茶匙
黑胡椒……適量

● 派皮

椰子粉……50克
帕瑪森起司粉……40克
無鋁泡打粉……2小匙
蒜粉……1茶匙
酸奶油或希臘優格……130克
蛋……2顆
奶油……50克，融化
莫札瑞拉起司絲……適量

做法

內餡：

1.將芹菜、洋蔥、紅椒切丁，雞胸肉切絲。
2.在炒鍋中加入無鹽奶油1大匙、芹菜、洋蔥、紅椒丁，炒到洋蔥變成半透明。

3.加入蒜末、百里香、雞高湯、月桂葉，煮熱到邊緣冒泡。

4.將黃原膠或玉米粉加入鮮奶油中，攪拌均勻，再加入湯裡面，繼續攪拌到湯汁收汁變濃稠（不要將黃原膠直接加到湯裡以免結塊）。

5.加入雞胸肉煮至全熟，加入鹽、黑胡椒，此時內餡的濃稠度應該像義大利麵白醬，如果覺得太乾的話，可以多加一點雞高湯。

6.月桂葉撈起丟棄，把內餡放到派模內。

派皮：

1.烤箱預熱190°C（375°F）。

2.攪拌盆加入椰子粉、帕瑪森起司粉、泡打粉、蒜粉，混和均勻。

3.加入酸奶油、蛋、奶油，攪拌均勻，攪拌好的麵糊質地類似馬鈴薯泥，叉子插入麵糊可以直立不倒。

4.用湯匙挖起麵糊，鋪在內餡上面，撒上莫札瑞拉起司絲，烤30分鐘，時間到之後若派皮還未上色，開上火（Boil）烤30秒—1分鐘讓表面烤至金黃色（要顧爐以免燒焦）。

● 黃原膠要先跟鮮奶油攪拌均勻在加入湯裡，不然會結粒，需要等候幾分鐘的時間讓它變稠，不要一下子加太多，會產生如鼻涕一般的黏滑感。

熱量	脂肪	蛋白質	膳食纖維	總碳水化合物	淨碳水化合物
330大卡	25.5克(69%)	16.8克(20%)	3.8克	9.3克(11%)	5.5克

蔬食亞麻籽捲餅

只要三樣材料即可完成的亞麻籽捲餅，夾上酪梨、菠菜、紅椒、牛肉片、軟質乳酪，就是美味豐盛的午餐了！

份量　3片，直徑8吋（21cm）　·　準備時間　10分鐘　·　難易度　★☆☆

--- 材料 ---

黃金亞麻籽粉……100克　　　水……2/3杯　　　鹽……1/4茶匙

--- 做法 ---

1. 將黃金亞麻籽粉用果汁機打成更細的粉。
2. 在湯鍋裡加水、鹽煮沸。
3. 加入亞麻籽粉，攪拌成糰，約1分鐘後關火，移開瓦斯爐待涼。
4. 手摸不燙後，將麵糰分成三等份，放到已噴油的烘焙紙上，用保鮮膜覆蓋，再用擀麵棍擀成0.1公分的薄片。
5. 小心撕開保鮮膜，將一個直徑8吋的盤子倒扣在麵糰上，用刀子切下多餘的麵皮。
6. 在不沾平底鍋上噴一點油，手托著烘焙紙，連同麵皮倒扣在鍋中，小心把烘焙紙撕開，用中小火煎麵皮，一面約1—2分鐘。
7. 在麵皮上放入自己喜歡的餡料，捲起，即可食用。

Tasty Tips

- 黃金亞麻籽粉打成更細的粉狀可以減少黏滑感，不要打太久，以免摩擦生熱使得亞麻籽出油結塊。
- 亞麻籽粉和水的比例是關鍵，測量水量的時候應該要將杯子放在桌上，蹲下身使眼睛與水面平行去看刻度，這樣才準。請注意，站著看不準，請不要用測量固體材料的量杯測量液體。
- 等水煮沸之後，就要馬上加入黃金亞麻籽粉，不然水分蒸發之後，做出來的捲餅就很乾。
- 煎麵皮的時間只是參考，煎好的麵皮為手摸乾乾的、不沾黏，但還保有軟度。
- 煎太久的麵皮會太硬而無法捲起。一定要用不沾鍋，不鏽鋼鍋會黏鍋。
- 保存方式：每張麵皮煎好後，用保鮮膜將每張麵皮隔開，冷藏一個禮拜或冷凍一個月。

熱量	脂肪	蛋白質	膳食纖維	總碳水化合物	淨碳水化合物
179大卡	11.5克(59%)	7.7克(18%)	7.7克	10.3克(23%)	2.6克

西班牙香腸青椒蛋馬芬

如果早上可以多睡一分鐘，誰不想？這個食譜就是給早上想吃得好，但又想賴床的人，蛋馬芬裡有菜有肉又有蛋，營養均衡，早餐只要抓了就可以出門！

份量 12 個 · **準備時間** 15 分鐘 · **烘烤時間** 9—11 分鐘 · **難易度** ★☆☆
需要工具 馬芬模

―――――― 材料 ――――――

● **蛋奶液**

蛋……8顆
鮮奶油……25克
杏仁奶或無糖豆漿……25克
黑胡椒……1/4茶匙
鹽……1/4茶匙

● **內餡**

油……1大匙
西班牙香腸……2條，切丁
青椒……1個，切丁
蒜頭……2瓣，切末
莫札瑞拉起司絲……170克

做法

1.烤箱預熱220°C（425°F），烤架放在中下層（下面數上來第二格），將馬芬模噴上厚厚一層油。

2.將蛋奶液所有材料加入盆中打散並攪拌均勻。

3.在平底鍋內加入油1大匙，中火，加入蒜末、青椒、香腸，炒至半熟。

4.模具內加入內餡材料、起司絲，用湯勺舀入蛋奶液至9分滿。

5.烘烤9—11分鐘，直到牙籤插入中心沒有蛋液流出。

6.取出靜置於網架上冷卻10分鐘，再用扁平小刀環繞一圈，小心脫模，趁熱食用。

Tasty Tips

● 蛋馬芬出爐後會消風，是正常的。

● 蛋馬芬烤好時表面是淡黃色，不像一般馬芬是金黃色，不要烘烤過度，會吃起來像橡膠。

● 即使抹油還是會有少許沾黏的情況，用矽膠模或放紙模會比較好。

● 內餡材料可自由替換，如：培根、火腿丁、蘆筍、洋蔥、蘑菇，所有蔬菜都必須炒到半熟至全熟。

● 可以前一晚將所有材料準備好，早上再放入烤箱裡烤，就有熱騰騰的早餐可享用了！

● 冷藏保存，要吃時微波 30—45 秒或冷凍保存，微波 1—1.5 分鐘。

熱量	脂肪	蛋白質	膳食纖維	總碳水化合物	淨碳水化合物
136大卡	9.5克(63%)	10.8克(32%)	0.2克	1.9克(6%)	1.7克

香蔥培根
爆漿起司馬芬

烤得金黃的莫札瑞拉起司，鹹香的蔥花培根，淋上大蒜奶油醬，立刻蒜香滿屋！輕輕扒開內餡，爆漿起司緩緩流出，就用這份美妙的早餐，開啟一日的序幕吧！

份量　6 個・準備時間　25 分鐘・烘烤時間　28 分鐘・難易度　★☆☆

材料

● 乾性材料

杏仁粉……170克
帕馬森起司粉……30克
泡打粉……1茶匙

● 濕性材料

酸奶油*……90克
蛋……2顆（去殼淨重共100克）

● 內餡

蔥花……40克
培根……4—5條
起司條*……1—2條

● 大蒜奶油醬

融化的無鹽奶油……20克
蒜粉……1茶匙

● 裝飾

莫札瑞拉起司絲……適量

做法
---

1. 烤箱預熱160°C（325°F），將馬芬模抹上油或鋪上紙模，培根煎熟，切碎，把蔥洗淨切成蔥花。

2. 將所有乾性材料加入盆中，攪拌均勻。

3. 加入所有濕性材料，攪拌均勻。

4. 加入蔥花、培根碎，攪拌均勻。

5. 將一半的麵糊填入馬芬模中，起司條剪成適當長度，塞入麵糊中央，再將剩下所有麵糊平均填入馬芬模中，手指沾油，將麵糊頂端不平整的地方抹平，撒上適量的莫札瑞拉起司。

6. 混合大蒜奶油醬的材料，在每個馬芬淋上約1/4茶匙。

7. 烘烤28分鐘，用牙籤插入確認沒有沾黏即可。

Tasty Tips
- 酸奶油可換成等量的希臘優格或一般無糖優格 80 克。
- 沒有起司條的話，可以用布利乳酪、切達起司代替，使用塊狀的起司才會有拉絲爆漿的效果。

熱量	脂肪	蛋白質	膳食纖維	總碳水化合物	淨碳水化合物
293 大卡	24.8克(75%)	12.4克(17%)	3.3克	6.5克(9%)	3.2克

乳酪比司吉

金黃香脆的外殼、濕潤鬆軟的內裡,這個低碳又美味的乳酪比司吉利用帕瑪森和莫札瑞拉兩種起司,交織出不同厚度的起司鹹香!抹上一匙酸奶油、夾上一片煙燻鮭魚,美好的早晨就應該這麼開始!只需要七種材料就能大功告成!

份量　6個　‧準備時間　10分鐘　‧烘焙時間　22分鐘　‧難易度　★☆☆
需要工具　馬芬模

材料

● 乾性材料

椰子粉……50克
帕瑪森起司粉……40克
無鋁泡打粉……2茶匙
蒜粉……1茶匙（可省略）

● 濕性材料

奶油……50克，融化
酸奶油或希臘優格*……130克
蛋……2顆
莫札瑞拉起司絲……適量

做法

1. 烤箱預熱190°C（375°F）。
2. 將所有乾性材料放到攪拌盆中攪拌均勻。
3. 加入濕性材料，攪拌均勻，攪拌好的麵糊質地類似馬鈴薯泥。
4. 將麵糊平均放入6個馬芬模內，一個約65克，撒上莫札瑞拉起司絲。
5. 烤20—25分鐘後，再開上火最高溫（High Boil）烤1—3分鐘，讓表面烤至金黃
   色為止（要顧爐）。
6. 取出成品放置網架待涼幾分鐘後，即可脫模食用。

Tasty
Tips

● 優格的稀稠程度不同會影響成品濕度。我在美國的購買經驗是，Fage 希臘優
格最接近酸奶油的稠度。如果你買到的是優沛蕾那種很稀、可以用喝的優格
的話，要減少 10 克，並多加一大匙椰子粉，最後麵糊的質地應該是像馬鈴薯
泥，用叉子直立插入麵糊不會倒。

熱量	脂肪	蛋白質	膳食纖維	總碳水化合物	淨碳水化合物
179大卡	13.9克(70%)	7.4克(16.5%)	2.1克	4.6克(13.5%)	2.5克

菠菜沾醬

只要七樣材料、十分鐘,就能完成這個比餐廳賣得更好吃的菠菜沾醬!拿小黃瓜、甜椒、或墨西哥玉米片(請參考P.194)沾著吃,就是一道健康又美味的開胃菜!

份量　300克（4份）　・準備時間　10分鐘　・難易度　★☆☆

材料

冷凍或新鮮的菠菜……150克
莫札瑞拉乳酪絲……100克
酸奶油……100克
美乃滋……60克

蒜頭……1瓣，磨成泥
黑胡椒粉……1/8茶匙
新鮮檸檬汁……1大匙

做法

1. 若使用冷凍的菠菜，將其以40%的功率微波1.5分鐘，直到菠菜邊緣變軟。（沒有微波爐的話，可在1.5小時之前拿出來解凍，若使用新鮮菠菜，將菠菜洗淨後燙軟，用冷開水沖涼、切碎）
2. 擠出菠菜內水分，擠乾後約50克。
3. 將莫札瑞拉乳酪絲以50%的功率微波融化，約1—2分鐘。
4. 將所有材料放入食物處理機或果汁機中打碎。

Tasty Tips
● 視情況調整鹹度。
● 適合溫熱時食用。

   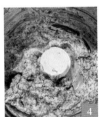

熱量	脂肪	蛋白質	膳食纖維	總碳水化合物	淨碳水化合物
208大卡	18.6克(82%)	6.4克(13%)	0.4克	2.6克(5%)	2.2克

起司酪梨醬

一般基礎的酪梨醬只有：酪梨、洋蔥、萊姆汁、蒜泥、鹽、黑胡椒、香菜，此食譜為「花式」做法，加了酸奶油、切達起司，口感更潤滑可口。若使用煙燻的切達起司，風味更是不同凡響，用墨西哥玉米片（請參考P.194）沾著吃，是看電視的最佳點心！

材料

成熟的酪梨⋯⋯2—3個（約450克）
洋蔥⋯⋯1/2—1/4顆（約40克），切小丁
酸奶油⋯⋯75克
切達起司⋯⋯50克，切成細絲
帕瑪森起司粉⋯⋯1大匙

萊姆⋯⋯1/2—1顆，榨汁
蒜頭⋯⋯2瓣，磨成泥
香菜⋯⋯適量
鹽⋯⋯適量
現磨黑胡椒⋯⋯適量

做法

將酪梨去核，在果仁中切成井字，用湯匙挖出置於盆中，以叉子壓成泥，再加入
剩下的所有材料，嚐嚐看味道鹹淡，即可食用。

Tasty Tips

- 要使用已經成熟的、輕壓果實稍微可以凹陷的酪梨。
- 將酪梨、香蕉或蘋果一起放在紙袋中可以催熟。未成熟的酪梨不能放冰箱，若已經成熟了，則可以放入冰箱延長保存期限。
- 酪梨去核方法：刀子從酪梨側面切入，不將果核切破，而是沿著果核劃一圈，雙手抓著果實的兩邊，反方向旋轉，即可將其分半，再將刀子輕砍入果核中，左右稍微扭一下，即可輕易拿出果核。
- 洋蔥不可過多，且一定要切成小丁狀，否則味道太嗆。如需減低嗆味，可以將洋蔥放在冰水裡泡 10 分鐘。
- 若使用法式酸奶油，會比美式酸奶油味道更佳，它含有的脂肪含量更高，酸味清新，在超市皆有販賣。法式酸奶油（Crème fraîche）含有約 30% 的脂肪，美式酸奶油（sour cream）含有約 20% 的脂肪，酸奶／優格（yogurt）含有 10—12% 脂肪。
- 可以使用已經切成細絲的切達起司，若使用煙燻的切達起司，風味層次會更豐富好吃。
- 萊姆、鹽、黑胡椒都可以依照自己的喜好調整份量。
- 萊姆可以用檸檬代替，除了增加酸味之外，也有防氧化的效果。
- 酪梨易氧化，因此最好現做即食。
- 保存方式：將沒有用到的洋蔥與酪梨醬一起放在保鮮盒中冷藏，可以延緩氧化速度，請冷藏保存並盡快食用完畢。
- 搭配墨西哥玉米片（請參考 P.194）食用。

熱量	脂肪	蛋白質	膳食纖維	總碳水化合物	淨碳水化合物
188大卡	16克(73%)	2.5克(5%)	6.2克	10.5克(21%)	4.3克

國家圖書館出版品預行編目資料

零失敗！Sophie 的低醣生酮烘焙完美配方 /
Sophie 著 . -- 初版 . --
臺北市：平裝本，2019.10 面；公分 . --
（平裝本叢書；第 492 種)(iDO；99)
ISBN 978-986-97906-7-3（平裝）
1. 點心食譜

427.16   108015300

平裝本叢書第 0492 種

iDO 99

零失敗！
Sophie 的低醣生酮烘焙完美配方

作　　者—Sophie
發 行 人—平雲
出版發行—平裝本出版有限公司
　　　　　台北市敦化北路 120 巷 50 號
　　　　　電話◎ 02-27168888
　　　　　郵撥帳號◎ 18999606 號
　　　　　皇冠出版社 (香港) 有限公司
　　　　　香港銅鑼灣道 180 號百樂商業中心
　　　　　19 字樓 1903 室
　　　　　電話◎ 2529-1778　傳真◎ 2527-0904
總 編 輯—龔橞甄
美術設計—嚴昱琳
著作完成日期— 2019 年 6 月
初版一刷日期— 2019 年 10 月
初版五刷日期— 2021 年 6 月
法律顧問—王惠光律師
有著作權 ・ 翻印必究
如有破損或裝訂錯誤，請寄回本社更換
讀者服務傳真專線◎ 02-27150507
電腦編號◎ 415099
ISBN ◎ 978-986-97906-7-3
Printed in Taiwan
本書定價◎新台幣 380 元 / 港幣 127 元

● 皇冠讀樂網：www.crown.com.tw
● 皇冠 Facebook：www.facebook.com/crownbook
● 皇冠 Instagram：www.instagram.com/crownbook1954
● 小王子的編輯夢：crownbook.pixnet.net/blog